Cazaux

V

# INTÉRÊTS

## DE L'AGRICULTURE,

## DE L'INDUSTRIE ET DU COMMERCE

### FRANÇAIS;

ÉCRIT PUBLIÉ A L'OCCASION DE LA RÉUNION SIMULTANÉE
DU CONSEIL DE L'AGRICULTURE ET DES CONSEILS GÉNÉRAUX
DE L'INDUSTRIE ET DU COMMERCE.

Vous êtes réunis par ordre du Roi, pour donner vos avis sur
les intérêts de l'agriculture, de l'industrie et du commerce.

*Paroles de M. Thiers, Ministre du commerce et des travaux
publics ( Moniteur du 16 février 1833 ).*

**PARIS,**

M.me HUZARD, LIBRAIRE,
RUE DE L'ÉPERON, N.° 7.

**1833.**

# AVIS.

Cette Brochure a été écrite et publiée si rapidement, qu'il est impossible qu'elle ne renferme pas d'erreurs. J'appelle sur elles toute la sévérité de la critique; qu'elle recherche et immole sans pitié ces erreurs : ce sera me rendre un signalé service, et ce serait en rendre un au Public lui-même, à qui je ne le laisserais pas ignorer, si jamais cette Brochure venait à se réimprimer.

L.-F.-G. DE CAZAUX,

Ancien Élève de l'École polytechnique.

VALENCE, IMPRIMERIE DE BOREL.

# INTÉRÊTS

## DE L'AGRICULTURE,

## DE L'INDUSTRIE ET DU COMMERCE

### FRANÇAIS.

TOUT homme véritablement instruit sait que presque tous les écrits et discours, prétendus politiques, dont on inonde la France depuis quarante ans, ont rapport à de tout autres objets qu'à celui qui est seul propre à fonder, non illusoirement, mais effectivement, le bien-être du peuple, unique but de la Politique.

Amis de l'humanité, réjouissez-vous! Le Gouvernement français entre aujourd'hui sur le terrain de la Politique, et il déclare que c'est désormais uniquement sur ce terrain qu'il veut marcher. Grâces lui soient rendues, et puissent, en cela, tous les gouvernemens l'imiter!

La chose intéresse au plus haut point, immédiatement tous les Français, sans en excepter un seul, et médiatement, comme nous le verrons, tous les peuples, lors même que leurs gouvernemens n'adopteraient pas les principes que, j'espère, va adopter le Gouvernement français. Selon qu'on résoudra parmi nous le grand problème social qu'on aborde aujourd'hui, les sociétés s'élèveront au comble de la prospérité qu'il leur soit donné d'atteindre, se dissoudront ou resteront languisantes.

Il n'est nul besoin de dire que les intérêts de l'agriculture, de l'industrie et du commerce, éternels fondemens de toute société, sont les intérêts de tous; car il n'est pas une seule famille, un seul individu, qui, par son travail, ses biens-fonds ou ses capitaux, n'y puise ou n'y doive puiser, dans le monde entier, son revenu, c'est-à-dire son bien-être.

Quels sont les intérêts de l'agriculture, de l'industrie et du commerce français? C'est ce que nous nous proposons d'examiner ici dans l'intérêt de tous les Français, et, par suite, de tous les hommes. Sachons d'abord quels sont les vœux et les plaintes de ces trois sortes d'industries en France : peut-être parviendrons-nous ensuite à éclaircir peu à peu et enfin tout-à-fait la question.

L'agriculture, source du revenu des deux tiers des Français, croit qu'il lui serait avantageux de recevoir des nations étrangères les objets manufacturés qu'elle consomme, parce qu'ils sont généralement à bien plus bas prix que ceux de l'industrie française.

L'industrie croit qu'il lui serait avantageux de recevoir des nations étrangères les matières premières et les objets de consommation dont elle use, parce qu'ils sont généralement à plus bas prix que ceux de l'agriculture française.

Le commerce, abondant dans le sens de nos manufacturiers et de nos agriculteurs, voudrait qu'on lui laissât importer tous les produits agricoles et manufacturés qui sont à l'étranger à plus bas prix qu'en France.

Les économistes abondent pleinement dans le sens des commerçans, assurant, comme eux, que le pays n'y peut que gagner; et comme le chef des économistes, M. J.-B. Say, a, par ses écrits et par ses leçons données par ordre du Gouvernement, inculqué cette doctrine à la génération actuelle, on peut dire que les Français aujourd'hui, j'entends ceux qui passent pour instruits et forment ce qu'on appelle l'opinion publique, sont généralement tout-à-fait imbus de ce même principe, savoir que le commerce de la France avec les nations étrangères doit être entièrement libre, et que le Gouvernement doit tendre sans relâche vers ce nouvel état de choses.

Le Gouvernement aussi, abusé peut-être par le magique mot de liberté, voudrait bien pouvoir répondre à ce vœu de l'opinion, comme le montrent ses projets de loi et l'exposé de ces projets. Mais, le moyen?

En effet :

Veut-il satisfaire le vœu de l'agriculture? Aussitôt, l'industrie se récrie, et dit qu'on la ruine;

Veut-il satisfaire le vœu de l'industrie? L'agriculture se récrie à l'instant, et dit qu'on la ruine;

Veut-il satisfaire le vœu du commerce, des économistes et de l'opinion? Agriculteurs et industriels s'écrient de concert que leur ruine est imminente;

Veut-il rester dans l'inaction? Tout le monde l'accuse d'être stationnaire, quand tout est en progrès et en marche autour de lui.

Pour ne rien omettre, je dois ajouter que l'unique industrie notable qui, en France, ne redoute pas la concurrence étrangère, comme l'a déclaré officiellement aux Chambres M. de Saint-Criq, lorsqu'il était Ministre du commerce, est l'industrie des vins ; et c'est pourquoi, de toutes les industries notables, c'est la seule qui ne réclame pas des tarifs protecteurs, des prohibitions : elle veut, pour elle et pour les autres, la liberté la plus entière du commerce avec les étrangers, tandis que toutes les autres industries de quelque importance, sans exception, disent chacune et sans cesse au Gouvernement :

Défendez-moi par des tarifs, par des prohibitions, de la concurrence des produits étrangers, qui seule entrave mon essor, qui seule m'ôte la liberté de m'étendre ; je grandirai rapidement, j'acquerrai à vue d'œil tout le développement que comportent les besoins du pays ; et tous les Français, dont j'emploie et emploierai les biens-fonds, les capitaux, le travail, ne cesseront point de prospérer avec moi ; si vous ne le faites pas, je languis, je meurs, je cesse de donner des revenus à ceux dont j'emploie le travail, les biens-fonds, les capitaux ; si vous marchez tantôt dans un sens et tantôt dans un autre, obéissant tour à tour à des impulsions contraires et jamais à des principes fixes, vous n'occasionnez que trouble et que perturbation dans les salaires des ouvriers que j'emploie et dans les revenus des biens-fonds que je loue et des capitaux que j'emprunte ; vous m'ôtez tout crédit ou m'en donnez un exagéré, ce qui est non moins funeste, auprès des travailleurs, des capitalistes et des propriétaires des biens-fonds, qui, voyant ces vicissitudes, ne savent jamais, non plus que moi ( qu'ils en rendent, hélas ! responsable ), sur quoi compter.

Si chaque industrie s'en tenait là, il serait facile au Gouvernement de la contenter ; mais, en même temps, elle dit :

Laissez entrer librement dans le pays tous les produits des autres industries qui sont à meilleur marché à l'étranger qu'en France ; c'est-à-dire, en effet : N'accordez à aucune autre industrie la protection, la liberté de prospérer et de s'étendre, que je réclame pour moi ; laissez-les languir et mourir ; vendre cher et acheter à bon marché, m'enrichir en un mot le plus rapidement possible, est tout ce que je veux, est mon unique but ; faites-le-moi atteindre, c'est votre devoir, je ne cesserai pas de vous le répéter avec les économistes et les publicistes de notre époque.

M. Adolphe Blanqui, le plus célèbre disciple de M. J.-B. Say, et qui, en conséquence, professe l'économie politique à l'Athénée et à l'École de Commerce, ne conçoit pas que le Gouvernement reste encore indécis ; il lui crie, dans la Revue encyclopédique : *Puisque chaque industriel reconnaît l'utilité de la liberté du commerce, sauf ce qui touche son monopole particulier, n'est-il pas évident que la liberté du commerce est dans l'intérêt général ?*

Remarquez à cette occasion que la société qui publie le *Journal des Connaissances utiles,* qui s'imprime à 130,000 exemplaires, et qui vient de publier un *Almanach de France* à 1,500,000 exemplaires, recommande dans l'un et l'autre de ces écrits, comme *au niveau des derniers progrès de la science*, le livre de M. Adolphe Blanqui sur l'économie politique, livre qui reflète les principes de désorganisation sociale proclamés par Adam Smith et par M. J.-B. Say.

À propos de cela, je lis, première page du N.° de février 1833 du *Journal des Connaissances utiles*, article *Economie générale* :

« Nos richesses sont en proportion de la quantité de choses que nous pouvons acquérir, et cette quantité est en proportion de leur abondance, ou, ce qui est la même chose, de leur bas prix ; car *abondance* et *bas prix* ne sont pas deux faits qui se suivent : c'est un seul et même fait exprimé par deux mots différens ; plus un produit est commun, moins il coûte, et il ne coûte peu qu'autant qu'il est commun. »

Quelques réflexions sur ce prétendu principe économique :

Lors de la découverte de l'Amérique, l'Espagne était florissante, et comptait, dit-on, 25 millions d'habitans, ayant leurs capitaux, leurs biens-fonds et leur travail répartis en convenable proportion dans les diverses industries. L'or et l'argent de l'Amérique venant à y affluer tout-à-coup, tout-à-coup le prix de toutes choses y doubla, tripla, quadrupla, quintupla, etc., selon l'abondance d'or et d'argent importés. Est-ce que les Espagnols furent moins riches ? est-ce qu'avec un revenu deux, trois, quatre, cinq fois, etc., plus considérable en or et en argent, ils cessèrent de pouvoir acheter les mêmes produits qu'avant, devenus deux, trois, quatre, cinq fois, etc., plus chers ? Leur complète ruine, hélas ! et la perte de leurs capitaux ( ceux importés d'Amérique et partie de ceux qu'avant ils avaient ), viennent uniquement de ce que, sous le fou prétexte du très-bas prix comparativement aux prix de leurs produits, ils ont consommé de plus en plus les produits des industries étrangères et non ceux de leurs industries, qui ainsi se sont éteintes, à mesure que leurs métaux précieux s'écoulaient au dehors de leur nation et devenaient la propriété des travailleurs étrangers qui les attiraient de plus en plus. Si, continuant à consommer les produits des industries indigènes, les Espagnols eussent prêté aux étrangers, qui en étaient avides, l'or et l'argent tirés de l'Amérique, toutes les nations fussent devenues à l'instant, par ce fait, tributaires de l'Espagne ; et, sans rien perdre de son bien-être, sa puissance fût devenue immense.

Par la disparition de l'or et de l'argent de l'Amérique, toutes choses y baissèrent beaucoup de prix. Est-ce que la richesse des Américains fut augmentée ? Elle fut, je pense, diminuée de tous les métaux précieux que les Espagnols emportèrent, sans que, par ce fait du moins, leur bien-être en fût atteint, toutes choses éprouvant à la fois une égale baisse, produits et revenus.

*Abondance* et *bas prix* ne sont donc pas essentiellement *un SEUL et MÊME FAIT exprimé par deux mots différens*, comme le prétend le *Journal des Connaissances utiles*, d'après M. J.-B. Say qui, comme on peut se le figurer d'après cela, a souvent pris les rêves de son imagination pour des réalités, pour des *faits*, comme il lui plaît de les appeler.

A quoi donc sert, bon Dieu! la lecture de l'histoire? C'est là, là uniquement, que les anciens Politiques ont puisé et qu'il faut continuer éternellement à puiser les principes de la Politique, renvoyant à jamais au néant, d'où ils sont sortis, les écrits et les discours des idéologues et de nos prétendus politiques modernes. Commencez par apprendre, si vous êtes tourmenté de la manie de vouloir enseigner. Savoir, c'est, a dit Socrate, connaître ce qui est : or, le simple ouvrier, la dernière ménagère, qui n'ont jamais rien lu, savent que si l'argent qu'ils ont à dépenser augmente ou diminue comme augmente ou diminue le prix des choses dont ils ont besoin, leur richesse ni n'augmente ni ne diminue. Pour Dieu! donc laissez-leur leurs lumières, et gardez pour vous celles des idéologues qu'il plaît à la partie prétendue savante de la génération actuelle d'appeler flambeaux du siècle, etc., etc.

( Tout ceci soit dit sans blesser le secrétaire de l'association pour la *diffusion des connaissances utiles*, qui ne peut évidemment répondre des articles de ses coassociés. )

L'opinion se prononce donc de toutes parts, comme on voit, en faveur des nouveaux principes économiques; mais dans les journaux quotidiens, elle commence à se manifester véhémente et menaçante. On va en juger :

« La réforme la plus sérieuse, la plus difficile et la plus inévitable, est assurément la réforme commerciale. C'est celle-là qui marquera tôt ou tard la grande ère de juillet 1830. Elle seule mettra un terme aux souffrances de ces millions d'hommes que, par une appellation brutale et renouvelée des temps les plus serviles de Rome, on nomme des *prolétaires*. Il faudra qu'on décide plus tôt qu'on ne pense si ces masses de travailleurs seront inféodées par des tarifs au monopole des grands entrepreneurs, comme 'jadis les serfs étaient attachés à la glèbe des grands propriétaires. Il faudra bien qu'on sache si l'obligation de vivre d'un salaire n'emporte pas, comme compensation de cette nécessité, la liberté de se procurer, au moyen de ce salaire, les vivres et les vêtemens au meilleur marché possible. Qui ne voit partout en Europe que les contributions payées à l'Etat forment la moindre partie des charges imposées à tous les contribuables? Une aristocratie nouvelle tend à se substituer à l'aristocratie ancienne, dans les monarchies comme dans les républiques, et il est évident que le tarif des Etats-Unis du Nord n'est autre chose qu'un impôt levé au profit des riches manufacturiers de ces Etats sur les agriculteurs du Sud.

» C'est ainsi qu'en France, la vigne, qui est une production naturelle du pays, souffre des restrictions imposées au commerce des fers, pour la plus grande satisfaction des maîtres de forges ; les soieries et les toiles pâtissent du monopole des sucres coloniaux; et la fabrication des draps, du droit exorbitant de 33 p. o/o qui pèse sur les laines. Le peuple souffre aussi du droit non moins excessif de 5o p. o/o (1) établi sur chaque tête de bœuf venu de l'étranger. Toutes ces contributions-là doivent avoir un terme. Le peuple se lassera de voir sa juste part des profits du travail rognée au bénéfice des oisifs et des joueurs de bourse, et peut-être quelque jour il lui plaira de détruire, avec une violence suivie de grands désastres, ce système de priviléges qu'on refuse si impitoyablement d'amender aujourd'hui. » ( *Courrier français* du 18 février 1833. )

On conçoit l'embarras du Gouvernement, qui ne peut ni avancer, ni reculer, ni surtout rester stationnaire, tout le monde s'accordant à lui dire : Marchez.

C'est pourquoi, renonçant à prendre séparément les avis des Conseils de l'agriculture, de l'industrie et du commerce, il les convoque pour la première fois tous trois simultanément, et il leur dit, par la bouche de M. Thiers, Ministre du commerce et des travaux publics ( Voir le *Moniteur* du 16 février 1833 ) :

« MESSIEURS,

» Vous êtes réunis par ordre du Roi, pour nous donner vos avis sur les intérêts de l'agriculture, de l'industrie et du commerce.

» C'est pour la première fois, vous le savez, que s'opère la réunion simultanée de vos trois Conseils ; elle produira, nous en sommes certains, des résultats utiles et féconds. Le Gouvernement trouvera dans vos lumières, dans votre expérience, dans votre patriotisme, les directions dont il a besoin pour éclairer et affermir la marche de son administration.

» Le système représentatif bien entendu n'est autre chose qu'une consultation perpétuelle de tous les intérêts. Pour les étudier et les connaître, le moyen le plus sûr est de les appeler, de leur donner la parole, le plus souvent, le plus diversement

---

(1) Il faut lire, je crois, 5o francs, droit que M. d'Argout propose aux Chambres de réduire à 20 francs, si ma mémoire est fidèle. Avant Colbert la France achetait aussi des bœufs à l'étranger, et, qui plus est, du bœuf salé pour l'usage de sa marine. On sait que, par une marche précisément contraire à celle que propose aujourd'hui M. d'Argout, bientôt Colbert put répondre aux étrangers qui venaient encore en offrir : *Nous sommes à même de vous en vendre.*

qu'il est possible. Tous les intérêts nationaux parlent à la fois et officiellement dans les Chambres ; mais avant de les écouter dans cette région élevée où leurs vœux se généralisent et se changent en lois, il faut les chercher ailleurs, il faut s'être rapproché d'eux, les avoir consultés, entendus de près et individuellement. C'est pour cela qu'à côté et au-dessous de nos assemblées législatives, il y a un Conseil et des Chambres de commerce, des Chambres consultatives des manufactures, des Commissions d'enquête : c'est pour cela enfin qu'ont été donnés à l'agriculture, à l'industrie, au commerce, les trois Conseils dont vous êtes membres.

» Outre le désir de vous entendre, le Gouvernement avait aussi celui de vous entendre simultanément, et sans doute vous en devinerez le motif. Mettre les intérêts en présence, et leur donner à tous la parole, est non-seulement un moyen de les connaître, mais c'est aussi un moyen puissant de les concilier. Les intérêts, quand ils restent muets, demeurent inconnus au Gouvernement, et inconnus pour eux-mêmes ; alors ils se jalousent, se font une guerre sourde, et demandent les uns contre les autres des tarifs et des prohibitions. Au contraire, mis en présence, ils apprennent bientôt à se connaître, à se supporter, à se faire des concessions réciproques ; ils comprennent qu'il y a un riche dédommagement à leurs concessions ; c'est la prospérité générale, qui restitue plus qu'elle n'enlève à tous ceux qui lui font des sacrifices ; ils comprennent sur-tout que l'égalité de traitement dans une société prospère, vaut mieux qu'un traitement privilégié dans une société pauvre et entravée.

» C'est dans cette vue, Messieurs, que le Gouvernement vous a réunis : vous représentez les trois plus grands intérêts de l'État. L'agriculture, qui obtient de la terre les denrées alimentaires et les matières premières ; l'industrie qui les transforme, et leur donne toutes les perfections que peut leur imprimer la main des hommes ; le commerce, qui échange ces produits, et va les distribuer sur tous les points du globe. Ces trois grandes divisions du travail humain sont toutes trois également nobles, utiles, dignes de sollicitude et de protection (1). Malheureusement elles

---

(1) L'industrie primordiale, puisqu'elle produit toutes les matières premières des essentiels besoins de l'homme, est évidemment l'agriculture : c'est elle, avant tout, qu'il faut protéger. Viennent ensuite toutes les industries qui mettent en œuvre ces matières premières et les approprient aux besoins de l'homme. La mission essentielle du commerce est de distribuer les produits dans la société, et non sur tous les points du globe, comme il l'entend et comme le dit ici le Ministre : le bien-être social, unique but de la Politique, y est attaché. D'ailleurs, à mesure que toutes les industries utiles naissent successivement sur tous les points du pays, la population commerciale se réduit naturellement de plus en plus, et se fond dans l'agriculture et les diverses industries qui ne cessent d'appeler les travailleurs que quand elles ont élevé la nation au maximum de prospérité qu'il lui soit donné d'atteindre.

semblent quelquefois opposées d'intérêt ; l'industrie, qui a
besoin de protection, semble contraire, dans ses vœux, au
commerce, qui a besoin de liberté. C'est à les concilier que
consiste l'art d'administrer. Placé entre l'industrieux ouvrier de
Lyon, qui demande un débouché pour ses produits, et l'habile
ouvrier de Lille, qui demande une protection pour les siens ;
placé entre l'agriculteur de Bordeaux, qui veut qu'on ouvre à
ses vins les mers du Nord, et le propriétaire de bois de la Cham-
pagne, qui invoque une protection pour ses fers, le Gouvernement n'a de prédilection pour aucun, il a une affection égale
pour tous ; il cherche comment, du balancement de tous leurs
intérêts, pourra naître la prospérité générale, seul objet de ses
veilles, seul devoir de son institution. C'est à vous, Messieurs,
à l'éclairer dans l'accomplissement de cette tâche, plus difficile
peut-être qu'elle ne l'avait jamais été à aucune époque.

» Le monde est entré aujourd'hui dans des voies nouvelles.
Tous les peuples demandent à se rapprocher, à s'entendre, à
échanger leurs richesses. On essaie de convertir peu à peu les
prohibitions absolues en tarifs ; les tarifs élevés, en tarifs modérés. La France ne sera pas la dernière à suivre cet exemple.
Mais en entrant dans un système nouveau et plus large, qui a
pour but l'affranchissement progressif des industries (1), le
Gouvernement doit déclarer qu'il entend y marcher avec pru-
dence et mesure. Un gouvernement fondé sur des institutions
comme les nôtres ne saurait avoir de préjugés ; aussi je crois
pouvoir affirmer que le nôtre n'en a aucun. Mais s'il n'a pas de
préjugés, il n'a aussi aucun aveugle esprit de système ; il ne
connaît qu'une autorité, l'expérience. Il ne veut ni s'arrêter, ni
se précipiter : il veut marcher (2). Pour tous les esprits qui ont
étudié et réfléchi, il y a un fait avéré : c'est que dans aucun

---

(1) Quand Sully arriva au pouvoir, il trouva, lui-même nous l'apprend, le
royaume *entièrement rempli du travail des manufactures étrangères,* lui qui était
si profondément pénétré de la vérité que les industries des agriculteurs français,
des pasteurs français et des artisans français, sont *les mamelles de l'État.* Quand
Colbert arriva au pouvoir, il trouva de même le royaume entièrement rempli du
travail des manufactures étrangères.

Ces deux grands ministres *affranchirent nos industries,* en les délivrant plus
ou moins vite des seules entraves qui s'opposaient à leur développement, les
produits étrangers dont le royaume était rempli et qu'y apportait le commerce.
Libres, on sait quel rapide essor elles prirent, et qu'on vit

       -    Nos artisans grossiers rendus industrieux,
         Et nos voisins frustrés de ces tributs serviles
         Que payait à leur art le luxe de nos villes.

Je suis navré de voir qu'on entende aujourd'hui tout autrement en France
l'expression *affranchissement progressif des industries,* et surtout d'entendre dire
à un Ministre que la France ne sera pas la dernière à entrer dans les nouvelles
voies, où déjà elle ne s'est que trop avancée.

(2) Si le Gouvernement ne marche qu'appuyé sur l'autorité des faits, sur
l'expérience, je suis pleinement rassuré.

pays, aucun temps, on ne peut citer un bien sérieux et solide qui se soit accompli brusquement (1).

» Le Gouvernement n'oubliera donc pas que s'il faut de la liberté à l'industrie, il lui faut aussi de la protection (2). Il n'y a pas d'exemple d'une industrie puissante et riche qui n'ait pour origine un tarif protecteur. La puissante marine anglaise, qui semble sortie toute seule du milieu de cet Océan où la nature l'a placée, a grandi cependant sous l'acte énergique et restrictif de Cromwell (3).

---

(1) Brusquement, non, mais très-rapidement, oui, toutes les fois qu'on a pratiqué les principes de la Politique, dont la connaissance remonte à l'origine des sociétés. Mais combien d'hommes d'état, en tout pays et en tout temps, ont pratiqué les principes de la Politique? infiniment peu. L'antique Egypte les a pratiqués durant une longue suite de siècles, s'il faut en croire l'histoire, qui proclame cette nation, si prodigieusement industrieuse, l'inventrice de la Politique ou art de rendre les peuples heureux, et nous la représente pendant tout ce temps comme heureuse, paisible et, pour ainsi dire, immobile, au milieu des autres nations toujours inquiètes et en guerre, parce qu'elles étaient mal gouvernées. Sully, Colbert, qui n'ont fait que passer, sont jusqu'ici les seuls ministres dont s'honorera éternellement la France. Colbert, en cela digne successeur de Sully, voulait réaliser le bien-être du peuple en suscitant jusque dans le moindre hameau toutes les professions utiles en convenable proportion. Peuple, sachez-le et gardez-en à jamais le souvenir, en le transmettant d'âge en âge jusqu'à la dernière postérité!

(2) Une industrie est libre, je le répète, quand, délivrée des seules entraves qui s'opposent à son extension (la présence des produits étrangers dans le pays), elle peut grandir jusqu'au point que réclament les besoins de la nation. La protection qu'on lui accorde en refusant de plus en plus et enfin tout-à-fait les produits étrangers, c'est là, uniquement là, sa liberté. Liberté et protection ne sont donc pas deux choses différentes et opposées, comme le croit le Ministre : c'est une seule et même chose.

Par le bienfait de la liberté, presque chaque industrie peut acquérir à vue d'œil, en tout temps et en tout pays, un complet développement, c'est-à-dire parvenir à fabriquer des produits en suffisante abondance pour les besoins de la société. Si le pays est susceptible de fournir au bien-être d'un plus grand nombre d'habitans, par la prohibition des produits étrangers, qui est la liberté des industries indigènes, toutes les industries indigènes, au lieu de ces incessantes perturbations qui les affligent et menacent à tout instant aujourd'hui, continuent de se peupler chacune en convenable proportion, et à maintenir, par conséquent, toute espèce de production au niveau des besoins de la population toujours croissante, et qui ne cesse jamais d'être heureuse.

Mais, prenons-y bien garde : aux yeux de l'intérêt personnel, comme aux yeux des passions, la liberté prend le nom de tyrannie, et la licence le nom de liberté. Malheur au pays où, trompés par les mots, les hommes d'état, les législateurs, au lieu d'enchaîner la licence, enchaînent la liberté! Or, quant au sujet qoi nous occupe, c'est le danger qui menace aujourd'hui la société française jusqu'en ses fondemens, si les hommes d'état et les législateurs ne voient pas que la libre faculté d'exporter que réclament depuis si long-temps, et aujourd'hui plus énergiquement que jamais, le commerce et quelques industries (avant d'avoir même atteint le complet développement que comportent les besoins de la société française!), n'est pas de la liberté, mais une licence mortelle pour la société.

(3) C'est en défendant par des tarifs et des prohibitions les industries du pays ou qui y pouvaient naître, de la concurrence des industries étrangères sur le

» Au reste, excepté les esprits systématiques et absolus, tout le monde est près de s'entendre sur ces questions ; personne ne veut ni une liberté illimitée d'industrie, ni une protection exclu-

marché national, que l'Angleterre a développé et continue encore à développer dans son sein toutes les industries.

Pourquoi faut-il que, contrairement aux intérêts du peuple anglais et des autres peuples, sacrifiant à la chrématistique qu'Aristote a flétrie du nom de *honteuse*, le Gouvernement de cette nation ait voulu attirer dans son sein l'or et l'argent de toutes les autres nations? Est-ce que le travail du peuple anglais, distribué convenablement dans toutes les industries, n'eût pas fait valoir les biens-fonds et les capitaux anglais, de manière à procurer abondamment le bien-être au peuple, aux propriétaires et aux capitalistes anglais, indépendamment de la quantité d'or et d'argent représentant les capitaux? Est-ce que la population, croissant toujours, convenablement répartie entre toutes les professions, eût cessé jamais d'être heureuse? Est-ce qu'elle n'eût pas atteint ainsi son maximum, marqué par celui des élémens du bien-être des hommes que le génie anglais est capable de retirer du pays? A quoi donc la chrématistique *louable*, celle qui a en vue le bien-être des hommes, faisait-elle au Gouvernement anglais un devoir sacré de borner le commerce de l'Angleterre avec les autres nations? N'est-ce pas, comme le veut Aristote, à acheter de ces nations les élémens du bien-être que la nation anglaise ne pouvait arriver à produire, tels que du vin, par exemple, en donnant en retour ce qu'elle avait de trop et qui manque aux nations productrices du vin, comme de l'étain, par exemple? Ainsi, la nation anglaise et les autres nations, leurs populations se classant tout naturellement d'elles-mêmes en juste proportion dans les diverses industries et dans toutes les professions, eussent pu atteindre, chacune, à ce degré de bien-être après lequel elles soupirent, qui est dans leur destinée, et que la saine Politique leur donnera quand on voudra.

Au lieu de cela, que voyons-nous? l'Angleterre inventant sans cesse des machines, pour inonder de plus en plus toutes les autres nations de produits que ces nations devraient elles-mêmes fabriquer; le peuple anglais de plus en plus privé de travail, et d'autant plus misérable qu'en même temps que son revenu disparaît, l'abondance de l'or et de l'argent, qui arrivent à flots entre les mains des Crésus anglais possesseurs de machines, élève de plus en plus le prix des choses nécessaires à la vie, qu'il n'est pas donné aux machines de pouvoir produire. Dans cette déplorable situation, le Gouvernement anglais impose le petit nombre d'individus qui ont des richesses colossales, pour faire l'aumône au peuple anglais qui, sans cela, mourrait de faim ou bouleverserait l'Angleterre.

Et l'on s'étonne que de temps à autre des bandes de 10, 15, 20 et jusqu'à 50 mille individus de ce peuple misérable, parcourent les comtés et menacent de destruction les machines! et tous les hommes prétendus instruits les condamnent! Malheur à l'Angleterre, si leurs justes plaintes ne sont pas écoutées! Toujours grossissantes, ces bandes finiront par se délivrer quelque jour de l'insupportable joug sous lequel elles gémissent, et sous lequel gémissent plus ou moins, mais moins que le peuple anglais, tous les autres peuples.

On peut aisément juger, par ce qui précède, que le droit de tonnage réduit en France en faveur de l'Angleterre, et quelques autres mesures, sont non-seulement funestes à la nation française, mais au peuple anglais. Puissent les deux Gouvernemens le sentir! et puisse le Gouvernement anglais, pour le bonheur du peuple qu'il gouverne, et de tous les peuples de l'univers dont il fait le malheur, cesser de marcher dans la fausse voie où il s'est si avant engagé! La chrématistique honorable, solide base de la Politique, est l'art de rendre tous les peuples heureux, en leur procurant abondamment le bien-être; la chrématistique honteuse, base de la fausse Politique, est l'art de les rendre tous malheureux, en concentrant de plus en plus la richesse dans un petit nombre de mains, au détriment des peuples.

Que les hommes d'état qui régissent l'Angleterre choisissent entre la gloire

sive et absolue (1). C'est une sage mesure de protection et de liberté qu'il sagit de trouver, en graduant les tarifs suivant les temps, les circonstances et l'état des intérêts.

» Le Gouvernement a aujourd'hui trois questions importantes à vous adresser.

» Il vous consultera sur le plus grand peut-être de nos intérêts agricoles et manufacturiers, sur les conditions de l'introduction des laines étrangères. Vous pèserez l'intérêt de notre agriculture, qui a besoin de la présence vivifiante des troupeaux, et celui de notre belle industrie des draps, long-temps la première de toutes en Europe, et qui a besoin de ne pas payer trop cher la matière première. Il est inutile sans doute de vous dire que, pour le moment, le Gouvernement ne projette aucune mesure ; il veut seulement votre avis et votre direction dans une des questions les plus graves et le plus souvent agitées.

» La seconde question aura pour objet de vous consulter sur le meilleur moyen d'établir une bonne statistique. Nous sommes sous ce rapport fâcheusement arriérés. Toute science vraie, toute résolution législative sage, doivent se fonder sur la connaissance des faits, et chaque jour cependant leur incertitude vient nous arrêter dans nos discussions législatives. Nous n'avons pu faire connaître avec quelque certitude que les faits qui sont constatés par les registres de l'impôt. Encore la contrebande, qui nous soustrait une partie des produits, nous dérobe-t-elle aussi la connaissance d'une partie des faits. C'est sur ce premier des élémens de la science économique que nous avons à vous consulter.

---

immense d'être à jamais appelés les bienfaiteurs du peuple anglais et de toutes les nations, ou d'en être appelés les fléaux, comme le seront leurs prédécesseurs, dès que la vraie lumière, qui commence, ce me semble, à poindre, éclairera toutes les nations sur leurs vrais intérêts.

Au reste, si, ouvrant enfin les yeux et imitant Napoléon, deux ou trois grandes nations européennes venaient à refuser tout-à-coup les produits anglais, comme c'est leur pressant intérêt, l'Angleterre dépenserait inutilement tout l'or et l'argent qu'elle possède pour les abattre, en suscitant contre elles toutes les autres nations, et c'en serait fait et de sa richesse et de sa puissance. Mais alors même, en se reconstituant conformément aux principes éternels de la Politique, la nation anglaise aurait l'immense avantage de renaître à l'égalité, au bien-être et à la liberté.

(1) Règle générale : Toute industrie dont les produits sont à plus haut prix au dehors qu'au dedans de la nation, veut la liberté illimitée du commerce; et toute industrie dont les produits sont à plus haut prix au dedans qu'au dehors, réclame une protection absolue pour elle. Il est d'ailleurs bien notoire que le commerce, les économistes et leurs nombreux partisans veulent qu'on en vienne à abaisser entièrement les barrières qui s'opposent à l'entrée des produits étrangers et à la sortie des produits nationaux.

Tel est, au vrai, l'état des choses : il ressort de tout ce qui se dit et se publie, et du discours même du Ministre, puisqu'il estime la tâche de balancer tous les intérêts divers « plus difficile peut-être qu'elle n'avait jamais été à aucune époque. » Moins que jamais donc on peut dire, comme le fait ici le Ministre : « Tout le monde est près de s'entendre sur ces questions. »

» Le Gouvernement vous demandera enfin s'il est convenable
d'ordonner pour cette année une exposition de nos produits de
l'industrie. Vous, Messieurs, qui avez récemment quitté nos
ateliers, vous pourrez nous éclairer sur leurs vœux et leurs
convenances.

» Ces trois questions sont une indication, elles ne sont point
une limite. Vous resterez libres de nous proposer tout ce que vos
lumières et votre patriotisme pourront vous suggérer d'utile. Le
Gouvernement écoutera avec une sérieuse attention vos vœux et
vos avis.

» Vos trois Conseils pourront communiquer entre eux par des
commissions mixtes ; et si quelques réunions générales étaient
nécessaires, vous pourriez les provoquer : je me hâterais de les
ordonner, et je demanderais l'honneur de les présider.

» Voilà, Messieurs, ce que je suis chargé de vous dire au nom
du Gouvernement. Vous connaissez les efforts qu'il n'a cessé de
faire depuis deux ans pour vous assurer les deux conditions premières de toute prospérité, l'ordre et la paix (1). Un homme
sorti de vos rangs, un homme qui était naguère un témoignage
vivant de l'égalité politique parmi nous, et que l'industrie doit
s'honorer éternellement d'avoir donné au Gouvernement de l'Etat,
M. Périer, s'est glorieusement immolé à sa noble tâche. Mais la
sagesse du Roi, qui l'avait discerné et appelé, lui a survécu, et
en persistant dans son système de modération, a contribué à
ramener parmi nous une activité industrielle qui avait disparu
depuis plusieurs années. Cette activité renaissante, et qu'aucun
événement extérieur ne menace, nous promet des jours calmes
et prospères. Tâchons de les hâter par notre patriotisme et notre
union. Pour assurer la félicité d'un pays, il suffit souvent ou
de bonnes institutions ou d'un roi sage : nous avons à la fois l'un
et l'autre (2) ; nous serions bien mal inspirés si, pourvus de ces
deux biens précieux, nous ne savions aboutir à ce bien-être
auquel la France aspire depuis 40 années (3). Vous allez y contri-

(1) La *tranquillité* et la paix. Si l'ordre existait dans la société française,
aucune industrie n'y serait en souffrance, et toutes y seraient également floris-
santes, également heureuses. L'ordre social, c'est la juste extension de chaque
industrie, pour satisfaire aux besoins de tous les individus composant la société
et aux besoins généraux de la société. En-deçà, comme au-delà, est le mal. Le
milieu en toutes choses! ne cesse de crier la sagesse depuis l'origine des sociétés;
l'excès en plus! l'excès en moins! est l'éternel cri des passions, de l'intérêt
privé, de l'égoïsme, de l'ambition.

(2) Les bonnes institutions manquent en tout pays, puisque en tout pays les
diverses parties du corps social, c'est-à-dire les diverses industries, sont désunies
et presque ennemies, au lieu d'être amies et liées entre elles dans chaque société
aussi indissolublement, pour ainsi dire, que le sont les diverses parties du corps
humain.

(3) En France depuis 40 ans, et dans le monde entier depuis l'origine des
sociétés, on a essayé de bien des constitutions. Pourquoi aucune n'a-t-elle amené,

buer puissamment en vous livrant aux nobles travaux, objets de votre mission. »

Avec quelle joie les amis de l'humanité verront que le Gouvernement français sent très-profondément cette éternelle vérité, proclamée par les anciens qui l'avaient apprise des Egyptiens, savoir que le seul but de la Politique est de rendre les peuples heureux ! Le Gouvernement français, dis-je, sent très-profondément cette capitale vérité, puisque, après avoir assuré la tranquillité publique et la paix, les deux conditions premières de toute prospérité, il cherche, ce sont ses propres expressions, comment du balancement de tous les intérêts pourra naître *la prospérité générale, seul objet de ses veilles, seul devoir de son institution !*

Ah ! qu'on grave partout en France et en tout pays ces mémorables paroles, premier rayon des beaux jours qui vont luire ! Que nos législateurs, oubliant tout esprit et toute haine de parti, aident unanimement les Ministres à fonder et à consolider d'une manière indestructible tout le bien qu'ils projettent !

Heureux peuple ! heureuse France ! vous serez bientôt dignes, grâce aux nouvelles institutions qu'on vous aura données ( institutions applicables à toute société quelle que soit la forme et la nature de son gouvernement ), de devenir les éternels modèles des peuples et des sociétés.

Heureux mille fois moi-même, si cet écrit, tout entier puisé dans les anciens, l'histoire et le bon sens public, peut contribuer à mettre sur la voie de ces sublimes institutions !

Des trois questions que le Gouvernement soumet aux Conseils réunis de l'agriculture, de l'industrie et du commerce, une seule est capitale : c'est celle des laines.

Pour la résoudre, écoutons l'organe même des fabricans de draps à la Chambre des Députés, M. Ternaux, dont le nom est si honorablement connu que la réfutation que je vais faire de son discours ne portera nulle atteinte à sa personne, mais seulement aux subversifs principes politiques qu'il professe, faute de les avoir suffisamment approfondis.

Ouvrant le Moniteur du 5 juin 1829, je vois, d'une part ( qu'on veuille y faire attention ), M. Ternaux reprocher au Gouvernement d'avoir *par des tarifs exorbitans repoussé de nos fron-*

---

ni en France ni ailleurs (l'antique Egypte exceptée), ce bien-être auquel la société française aspire, et auquel toutes les sociétés aspirent et ont aspiré depuis qu'il en existe sur la terre? C'est qu'aucun gouvernement, n'importe quelle en fût la forme ( celui de l'antique Egypte excepté ), n'a constitué la société comme elle doit l'être. Or, c'est cela, uniquement cela, qu'il faut faire pour procurer à tous le bien-être. Le reste, continuel objet de vaines discussions qui durent depuis l'origine des sociétés, est indifférent ou importe très-peu. La constitution des pouvoirs peut varier à l'infini, non celle des sociétés qui doit être immuable et éternellement une.

*tières les grains, les laines, les fontes de fer, les bestiaux, enfin tous*
*les objets de première nécessité pour la consommation et le travail* (1);
et, d'autre part, je vois M. Ternaux s'exprimer ainsi :

« Le droit immodéré de 33 p. o/o mis sur les laines d'Espagne,
en leur fermant nos marchés, les a fait descendre à assez bas
prix pour tripler les bénéfices des fabricans de la Catalogne,
du royaume de Valence, d'Alcoy, de Ségovie et d'Aséjar, dont
les manufactures ont fait d'immenses progrès ; elles ont pris un
tel essor, que le roi d'Espagne a pu, sans inconvénient, quadrupler les droits sur les draperies françaises ; ainsi, le résultat du
tarif a été d'anéantir nos exportations d'étoffes de laine dans ce
pays, et de lui révéler un secret de prospérité qu'il pouvait encore
ignorer long-temps. De sorte qu'on peut dire de M. le Ministre
du commerce, qu'il a fait plus pour la prospérité de l'Espagne
qu'aucun des ministres du royaume.

» J'indique ce fait, parce qu'il m'est plus personnellement
connu ; mais, certes, il n'est pas le seul que je puisse citer.
Pareil effet s'est reproduit en Allemagne, en Russie ; enfin, il
est constant que nos exportations en étoffes de laine, qui autrefois s'élevaient à 50 et 60 millions par an, et laissaient en France
au moins 25 millions de main-d'œuvre et de bénéfices, sont
descendues, malgré les efforts de l'industrie, malgré des pro-
diges de perfectionnement, à 30 millions seulement en 1826, à
24 en 1827. A peine atteindront-elles 20 millions en 1828 :
bientôt elles se réduiront à zéro, si la certitude d'une ruine
absolue ne peut rien contre les erreurs de l'impéritie et contre
l'esprit de parti. Cependant, ne nous y trompons pas, notre
perte ne se borne pas à 15 ou 20 millions de main-d'œuvre
sur cette seule branche d'industrie : elle se reproduit sous bien
d'autres formes, et s'aggrave par mille contre-coups. Ces 20
millions gagnés par l'ouvrier se fussent échangés contre du
blé, du vin, des produits agricoles et manufacturés. Ainsi, ils
sont perdus pour la consommation intérieure ; ainsi, l'agriculture,
et bien d'autres industries, ressentent la perte faite par une
seule. »

Aristote a démontré on ne peut mieux, je crois, que les
échanges des produits divers entre les membres de la société
sont le lien social, et que la société cesse d'exister du moment
que cessent ces échanges sociaux.

Est-ce que, comme les Saints-Simoniens veulent dissoudre la

---

(1) Beaucoup d'autres députés, et en particulier mon ami M. Charles Dupin,
combattirent énergiquement alors cette mesure du Gouvernement. Je réfutai à
l'instant, de point en point, dans un journal de province fort répandu, le discours
de M. Charles Dupin, comme entièrement opposé aux intérêts primordiaux du
pays. Je lui envoyai cette réfutation, dont il m'accusa réception, mais à laquelle
il ne fit pas de réplique, malgré que je l'en conjurasse au nom du bien public,
s'il croyait que j'eusse tort.

société de famille, qu'Aristote défend un peu mieux que les Saint-Simoniens ne l'attaquent, pour le dire en passant, M. Ternaux voudrait dissoudre les sociétés civiles, sources du bonheur des hommes, quand elles sont bien gouvernées ?

En effet, ce député veut qu'on achette aux étrangers la laine dont nos fabricans ont besoin, et c'est aux étrangers qu'il veut que nos fabricans vendent leurs draps; il veut que les fabricans achettent aux étrangers, non pas seulement les laines, mais les grains, les fontes de fer, les bestiaux, enfin tous les objets de première nécessité pour la consommation et le travail : ce sont ses propres expressions.

Il est donc clair que M. Ternaux veut faire cesser tout-à-fait les échanges entre la société française et les fabricans de draps dont il entreprend de défendre les intérêts. En ce cas, la société française doit dire aux fabricans de draps qui ont cette anti-sociale prétention : Messieurs, vous ne faites plus partie de la société, puisque vous avez rompu ou voulez achever de rompre les liens qui vous y attachaient ou qui vous y attachent encore : sortez-en à l'instant, et allez en Espagne acheter les laines dont vous avez besoin pour faire les draps que vous lui vendez ; car c'est de la société espagnole et non de la société française que vous faites en effet partie : vous trouverez à cela l'économie d'un double transport, et la société française le très-grand avantage que ceux qui vous remplaceront, comprenant mieux la société, s'uniront étroitement, par le lien des échanges, à leurs conci-toyens. Procurez-vous d'ailleurs où il vous plaira ( si la société espagnole, à laquelle vous appartenez, a la sottise de vous le permettre ) *les grains, les fontes de fer, les bestiaux, enfin tous les objets de première nécessité pour la consommation et le travail*, que vous ne voulez plus acheter de la société française, ce qui rompt, on le répète encore, jusqu'au dernier lien qui vous attachait à elle.

M. Ternaux dans son discours ( et ce n'est pas, comme on pourrait être tenté de le croire, une dérision ) s'apitoie sur le malheureux sort du *cultivateur* qui, vu les tarifs que ce député combat, *ne peut se pourvoir du bétail si utile pour fertiliser son champ, ni du fer indispensable à ses ustensiles : le monopole*, dit M. Ternaux, *l'écrase*. Le monopole l'aurait écrasé, en effet, si le Ministère que combattait cet orateur n'avait, *par des tarifs exorbitans, re-poussé de nos frontières les grains, les laines, les fontes de fer, les bestiaux, enfin tous les objets de première nécessité pour la consomma-tion et le travail*. Il ne faut pas faire aux autres ce que nous ne voudrions pas qui nous fût fait. Or, si une nation fabriquait le drap à beaucoup plus bas prix que M. Ternaux ne le fabrique, que penserait-il du cultivateur qui viendrait à la tribune publique le plaindre de ce qu'un tarif exorbitant, frappant le drap étran-ger, empêcherait ce fabricant de s'en pourvoir pour s'habiller ?

Il prendrait certainement cela pour une mauvaise plaisanterie, et c'en aurait en effet tout l'air.

Combien, demanderons-nous à M. Ternaux, y a-t-il en France de familles employées, par leurs capitaux, leurs biens-fonds, leur travail, à produire *les grains*, *les laines*, *les fontes de fer*, *les bestiaux*, *enfin tous les objets de première nécessité pour la consommation et le travail?* La presque totalité! s'écriera la société française, si M. Ternaux ne se hâte de le répondre. Et ce député, pour assurer à quelques manufacturiers de tissus de laine le monopole ( puisque monopole il y a ) de la vente à l'étranger, veut qu'on porte atteinte aux revenus de la presque totalité des Français! Il n'y songe donc pas : « Le but d'un gouvernement ( lui-même le dit ) est d'assurer la prospérité du plus grand nombre. » Mais ici encore l'orateur est dans l'erreur : le but d'un gouvernement est d'assurer la prospérité de tous, et ce qu'il propose n'est rien moins que le moyen d'y parvenir; c'en est le contre-pied.

M. Ternaux condamne dans son discours *les habitudes de luxe*. Je suis de son avis (1); et, en conséquence, puisque l'Espagne, l'Allemagne et la Russie, refusent les tissus de luxe en laine des manufacturiers dont il prend la défense, que ces manufacturiers cessent d'en faire; qu'ils confectionnent des tissus plus simples avec les laines françaises, moins fines que les laines étrangères que ces messieurs voudraient continuer d'employer, et ces étoffes serviront à vêtir, non plus les étrangers, qui font très-bien d'apprendre à se vêtir eux-mêmes avec leurs laines, mais une infinité de Français qui produisent ou produiront *les grains*, *les laines*, *les fontes de fer*, *les bestiaux*, *enfin tous les objets de première nécessité pour la consommation et le travail*, et sont présentement très-mal vêtus, ou ne le sont pas du tout : vendant les produits que je viens d'énumérer aux manufacturiers des tissus de laine, ces Français, qui sont mal vêtus ou manquent de vêtemens, pourront acheter, en retour, les tissus de laine des manufacturiers qui maintenant se plaignent de ne pas vendre ceux qu'ils fabriquent, et tout le monde prospérera, et nul ne sera lésé, et la société, qu'Aristote prouve très-bien, ainsi que je l'ai dit, ne subsister que par les échanges des produits divers que font entre eux les individus qui la composent, subsistera et sera florissante, au lieu de languir et de se dissoudre.

« M. le Ministre du commerce, dit M. Ternaux, aurait dû méditer et s'approprier les maximes des plus sages administrateurs dont la France se glorifie, des Sully, des Colbert, des

---

(1) Dans mon premier écrit, j'ai loué très-à tort le luxe, encore ébloui par les merveilles que j'en entendais conter. Je suis, depuis huit ans, Dieu merci! complètement revenu de mon erreur sur ce point, et je conçois fort bien que Sully voulût le poursuivre à outrance.

Turgot, des Necker, et ne pas oublier que le but d'un gouvernement est d'assurer la prospérité du plus grand nombre. »

Je crois pouvoir assurer à ce député que Sully et Colbert entendaient tout-à-fait la Politique comme Aristote, et nullement comme il l'entend lui-même; et qu'il n'est point, depuis l'origine des sociétés jusqu'à nos jours, un seul homme d'état, digne de ce nom, qui l'ait autrement entendue. Tant pis pour Turgot et Necker, et sur-tout pour la France, s'ils penchaient vers les nouveaux principes économiques sous lesquels s'est, hélas! rangée la presque totalité de la génération actuelle.

Pour se venger de nos tarifs, *tous les états de l'Europe*, dit M. Ternaux, *ont successivement, et comme de concert, frappé de droits énormes les produits de nos fabriques. Des griefs semblables*, ajoute-t-il, *ont plus d'une fois fait prendre les armes à une nation voisine. Nous aurions dû*, finit-il par dire, *exiger du Ministère tous les documens propres à éclairer les actes dont je me plains ici, et, faute de les produire, le mettre en accusation.*

Loin, bien loin la chrématistique honteuse ( car il y en a encore deux aujourd'hui, comme du temps d'Aristote, l'*honorable* et la *honteuse*, ce qu'ignorent absolument nos économistes ); oui, loin, bien loin la chrématistique honteuse, qui tend à procurer l'enrichissement excessif de quelques-uns au détriment de la société, sur chaque membre de laquelle tous les objets du bien-être devraient incessamment se distribuer, si tout était bien réglé, et qui prétend imposer ( ce qui est illibéral ) et même par la guerre ( ce qui est affreux ) ses produits aux autres sociétés.

Les fabricans des tissus de laine feraient entrer 25 millions de numéraire annuellement en France, dit M. Ternaux. Mais il oublie tout-à-fait de dire combien, par l'achat au dehors *des grains, des laines, des fontes de fer, des bestiaux, enfin de tous les objets de première nécessité pour la consommation et le travail*, on en ferait sortir, chaque industrie, et non pas seulement celle qui fabrique les tissus de laine, préférant, séduite par l'appât du bon marché, acheter de l'étranger les produits qu'elle achetait avant de toutes les autres industries nationales, en échange des siens que toutes ces autres industries achetaient. Cela était bien important à considérer, et le député l'a totalement omis, n'envisageant qu'un tout petit côté de la question, qui l'amène à proclamer des principes anti-politiques, anti-libéraux, anti-sociaux.

C'est pourquoi, au lieu de m'affliger avec l'orateur, je m'écrierai :

Amis de l'humanité, réjouissez-vous ! réjouissez-vous doublement ! Un droit de 33 p. o/o mis sur les laines d'Espagne,

1° Contraint nos manufacturiers de tissus de laine à acheter, à mettre en œuvre les laines françaises, d'où accroissement de troupeaux en France, et par suite augmentation de fumiers ( ame de l'agriculture ), et puis de grains, de fourrages, de bestiaux, et par conséquent de viande, de laine, de cuirs, etc., et à vendre aux Français ( dont, hélas! un si grand nombre manquent de vêtemens! ) les tissus de laine qu'ils vendaient auparavant aux étrangers;

2° Est cause que les manufactures de tissus de laine ont fait d'*immenses progrès en Espagne, en Allemagne, en Russie, et a révélé à ces nations un secret de prospérité qu'elles pouvaient encore ignorer long-temps*, selon les expressions mêmes de M. Ternaux.

Quoi! en faisant le bonheur d'un peuple, on fait en même temps le bonheur des autres peuples?.... O Providence! inclinons-nous, et étudions la Politique, la chrématistique honorable, qui enseignent à faire le bonheur de tous les peuples en fondant le sien propre, au lieu de nous attacher de plus en plus, comme font les modernes, complètement égarés par les économistes, les publicistes et les hommes d'état eux-mêmes, à la chrématistique honteuse, qui est l'art de faire le malheur de tous les peuples, soit que des particuliers dans une même nation, soit qu'une nation parmi les autres nations, sacrifient à cette science infernale.

O esprit de parti! ô égoïsme! ô faux savoir! quand cesserez-vous d'applaudir à tout ce qui est mal, de condamner tout ce qui est bien, de décorer du titre de grands citoyens ceux qui de la chrématistique honteuse ont fait et font leur dieu, ce que dénote la prodigieuse richesse qu'ils ont concentrée et détournée des canaux qui devaient la distribuer à tous, si les institutions eussent été aussi sages qu'elles le sont peu? Jamais! car la passion, l'intérêt privé, l'égoïsme, le faux savoir, aveuglent et étouffent toute raison.

Créer de la richesse est fort bon, si elle se distribue entre tous et fait monter parallèlement le bien-être dans toutes les familles. Sans cette condition, qu'il est au pouvoir de la législation d'obtenir partout sans secousse, c'est le plus grand mal social qui puisse arriver, et la source de l'inégalité, de l'esclavage ( sous le nom de domesticité ), des jalousies, des crimes, des révolutions et de tous les maux qui affligent les sociétés.

Le système politique que depuis neuf ans je ne cesse de combattre, et que depuis 1830 M. le Ministre d'Argout, invoquant l'autorité de M. J.-B. Say, a entrepris d'introduire graduellement dans notre législation, est anti-social, anti-libéral, anti-humain : il est, en un mot, le contre-pied de la Politique. Puisse-t-il ne pas triompher!

En voilà je crois assez sur la question des laines. Si les fabricans de draps trouvent de meilleures raisons à donner que celles de leur représentant, M. Ternaux, je les combattrai si elles me paraissent erronées; je confesserai hautement que je me suis trompé, si elles me paraissent être des vérités. M. Ternaux est éminemment français, éminemment honnête, et personne plus que lui ne désire le bonheur du peuple français. Son seul tort, comme le seul tort de M. d'Argout, est d'avoir été complètement égaré par les principes subversifs des sociétés qu'ont proclamés les économistes modernes, et en particulier M. J.-B. Say. Bien loin de moi la pensée d'avoir voulu le blesser : j'ai voulu montrer le néant des principes politiques qu'il professe. En ces matières, qui sont les fondemens mêmes des sociétés, je suis l'implacable ennemi de l'erreur, et je l'immole sans pitié ( de quelque part qu'elle vienne ) sur l'autel de la vérité, en faisant ressortir et en appelant sur elle tout le mépris dont je la trouve digne ; voilà tout ; mais de vouloir offenser personne, jamais je n'en concevrai la pensée.

Quant à la question concernant l'établissement d'une statistique, je demande si tout le monde en France est convaincu, oui ou non, que ce pays est susceptible de fournir abondamment les élémens de l'aisance pour 33 millions d'habitans ? Pas un seul de ces 33 millions d'habitans ne dira non, je pense, et la plupart conviendront que si le travail de tous était bien appliqué, et si on y mettait de l'ordre ou le laissait de lui-même s'introduire à l'abri d'une législation qui, peu à peu et de plus en plus, prohiberait tous les produits étrangers que nous-mêmes pouvons fabriquer, on arriverait ( la population une fois classée en juste proportion dans toutes les industries nécessaires, et s'accroissant toujours sans jamais cesser d'être heureuse ) à produire en France tous les objets de l'aisance pour trois fois au moins sa population actuelle. C'en est assez : à quoi bon aller s'embarrasser, se perdre dans de vains chiffres ? La France, dès-lors, est susceptible de former ce qu'Aristote appelle une *société parfaite,* et les principes éternels de la Politique, que l'expérience a révélés aux hommes dès l'origine des sociétés, enseignent les moyens de la constituer et de la mettre sur la voie d'accomplir ses hautes destinées, sans que le peuple, en se multipliant, y cesse un seul instant d'être heureux. Sans donc perdre une minute, qu'on mette la main à l'œuvre. Que si on ne le fait pas, que si on continue à suivre la fausse route, je croirai, encore une fois, que, comme les Saint-Simoniens veulent la dissolution de la société de famille, on veut la dissolution de la société française et des autres sociétés qui, toutes, ont des intérêts identiques, même l'Angleterre qu'une insensée Politique, n'ayant en vue que la chrématistique honteuse et point le bonheur du peuple anglais, ni à plus forte raison des autres peuples, a engagée dès long-temps dans les plus fausses voies.

Quant à la question de l'exposition des produits de l'industrie, je songe que les deux tiers des Français n'ont pas, l'un dans

l'autre, la moitié du revenu nécessaire pour se procurer les objets de leurs essentiels besoins. Je pense donc que c'est une insulte à leur malheur qu'une exposition d'objets destinés à satisfaire les vains caprices de quelques milliers d'individus qui regorgent de biens ; et je me figure que les institutions doivent, jusqu'à nouvel ordre, contraindre ces opulens à employer leur sur-aisance, non à exciter encore à la création de vaines richesses, mais à la création des richesses vraies dont les deux tiers de leurs concitoyens manquent, les uns totalement, les autres en partie. Au lieu donc d'exposer les merveilles de nos industries de luxe, je suis d'avis qu'on expose les haillons, les grossiers alimens, les meubles misérables, les lits ( s'ils en ont ), dont font usage tant de millions de Français. Cette exposition, qu'on devrait, tant qu'il y aurait lieu, rendre permanente dans la Chambre des Députés, produirait le bon effet d'appeler l'attention sur ce honteux état de choses. Les Français sont bien légers, mais aussi bien bons et bien sensibles : présentez-leur ce spectacle : d'eux-mêmes, j'en réponds, ils courront au-devant de la législation seule propre à le faire cesser. Ainsi, que les Préfets, au lieu de rechercher curieusement dans leurs départemens les chefs-d'œuvre du luxe, envoient à Paris les objets de toute nature dont la majorité de la population use, par la très-grande faute de nos institutions prétendues politiques, qui n'ont aucun rapport avec la Politique, science du bien-être des peuples (1).

(1) Au moment où ceci s'imprime, je trouve dans le *Moniteur* du 28 février 1853 un discours de M. Laffitte, député, commençant ainsi : « Messieurs, je viens traiter devant vous une question qui domine aujourd'hui la Politique des états, qui fait la force des empires, et qui est la condition essentielle du développement de la prospérité des peuples : je veux parler du crédit public et de l'amortissement. »

Comme on voit, la science financière se substitue sans façon aujourd'hui à la Politique, et se donne pour la Politique même. Cela rappelle involontairement la fable de la queue du serpent qui voulut prendre le pas sur la tête :

Qu'on me laisse précéder
A mon tour ma sœur la tête :
Je la conduirai si bien,
Qu'on ne se plaindra de rien.
Le ciel eut pour ces vœux une bonté cruelle.
Souvent sa complaisance a de méchans effets :
Il devrait être sourd aux aveugles souhaits.
Il ne le fut pas lors ; et la guide nouvelle,
Qui ne voyait au grand jour
Pas plus clair que dans un four,
Donnait tantôt contre un marbre,
Contre un passant, contre un arbre :
Droit aux ondes du Styx elle mena sa sœur.
Malheureux les états tombés dans son erreur !

A la Politique, et non à l'aveugle, à la fallacieuse, à l'orgueilleuse science financière qui prétend la *dominer*, appartient d'ouvrir toutes les sources de la prospérité des peuples, et d'anéantir toutes les vaines dépenses, tant publiques que privées, qui tarissent aujourd'hui ces sources. Voilà ce que voulait et ce que faisait ( autant

Je vais maintenant, si le lecteur veut bien me le permettre, reproduire ici le dernier Opuscule que j'ai publié sur la matière capitale qui fait l'objet du présent écrit. Le *Bulletin universel des Sciences*, d'après le *Journal de Toulouse* qui a bien voulu le publier, a dans le temps fait connaître cet Opuscule au monde savant, non par simple extrait, mais en entier, comme il l'avait déjà fait pour mon avant-dernier écrit, ce à quoi j'ai été chaque fois d'autant plus sensible que je n'ai point l'honneur d'être connu des auteurs de ce recueil, et que jamais mes écrits ne leur ont été recommandés, non plus qu'à qui que ce soit. Voici cet Opuscule, qui date de 1830.

---

que Henri le lui permettait ) l'immortel Sully, géant politique qu'on n'a pu encore mesurer : voilà ce que recommande Aristote pour accroître le plus possible la richesse privée et publique, et par là, je pense, le crédit privé et public ( si, dans cet état de choses, il pouvait jamais être besoin d'y recourir ).

Où M. Laffitte a-t-il pris qu'un gouvernement ne doit pas, comme un particulier, se libérer de ses dettes ? que l'accroissement de la richesse générale amène la baisse du taux de l'intérêt ? etc. Serait-ce chez une nation voisine ? Mais est-ce que cette nation s'est jamais gouvernée d'après les principes de la Politique ? est-ce que toujours, au lieu de s'attacher uniquement aux principes de la chrématistique honnête, base de la Politique, elle ne s'est pas toujours uniquement attachée aux principes de la chrématistique honteuse, immonde source du prodigieux enrichissement d'un petit nombre, et du hideux paupérisme qui, de plus en plus, s'étend sur le plus grand ? *L'Angleterre*, dit M. Laffitte, *marche toujours dans la voie du progrès !* Du progrès vers le mal, oui ; mais du progrès vers le bien ! non, non, mille fois non !

Puisque nous avons touché la matière financière, un seul mot sur la question qui préoccupe tant en ce moment le Gouvernement, la Chambre des Députés et tous nos Politiques :

Mettez en action les principes de la Politique : les capitaux seront vivement demandés par l'agriculture, par l'industrie et par le commerce, c'est-à-dire par tout le monde en France ; nécessairement donc les fonds publics baisseront rapidement de valeur, l'argent étant en tous lieux appelé par le travail ; et l'impôt faisant, par une suite naturelle, passer beaucoup plus d'argent dans les mains du Gouvernement, le Gouvernement pourra d'autant plus facilement racheter les titres de ses créanciers.

Voilà comme il est donné à la Politique d'éclaircir tout ce que la prétendue science financière, aussi orgueilleuse que vaine, s'est plu à embrouiller, et, en ce moment même, est sur le point d'embrouiller davantage encore. Quand on prend pour guides les principes de la Politique, il n'y a bientôt plus nulle part de difficultés d'aucune sorte ; quand on ne le fait pas, des difficultés sans nombre naissent partout à chaque pas, et ne cessent de se compliquer. La constitution des sociétés qui peuplent la terre est simple comme la constitution des mondes qui peuplent l'univers. Puissent les sociétés, à l'exemple des mondes, se soumettre enfin aux immuables lois qui doivent les régir ! La guerre et tous les maux, honte de la civilisation, disparaîtront à jamais de la terre, et le génie du bien, c'est-à-dire de l'ordre, y remplacera partout le génie du mal, c'est-à-dire du désordre, qui depuis six mille ans y domine.

# DÉFENSE DES PRINCIPES DE GOUVERNEMENT DE SULLY ET DE COLBERT.

Les principes se tirent de l'expérience.
ARISTOTE.

DEPUIS six ans nous signalons comme faux les principes de gouvernement proclamés par M. J.-B. Say ; comme vrais, les principes de gouvernement de Sully et de Colbert, principes qui ont fondé la prospérité de la France, et que M. Say trouve *absurdes*, c'est son expression.

Malgré que la *Revue encyclopédique*, recueil estimé où écrit M. J.-B. Say, et qui d'abord fut bien loin de souscrire à notre jugement, se soit, dès 1828, exprimée ainsi : « N'hésitons pas à » dire une vérité sévère, mais qu'il est temps de reconnaître : On » regarde généralement l'économie politique comme plus avan- » cée qu'elle n'est ; ses bases sont mal assurées, et seront peut- » être exposées à de fortes commotions. Ce danger, si elles l'é- » prouvent, ne peut être qu'une crise salutaire. On a commencé » trop tôt, et par des procédés encore mal éprouvés, un édifice » qu'il faudra peut-être reconstruire en entier. » ( *Revue encyclo- pédique*, janvier 1828, p. 109. ) Malgré que le *Bulletin universel des Sciences*, savant recueil, indépendant de tout joug de coterie, ait, dès l'origine, non-seulement encouragé nos efforts, mais fait connaître à ses lecteurs nos raisonnemens contre les nou- velles doctrines économiques ; malgré que, tout récemment encore ( N.º d'avril 1830 ), ce même recueil ait reproduit en entier la réfutation que nous avons faite du dernier raisonnement de M. J.-B. Say, raisonnement ayant pour but de prouver qu'il est indifférent aux Français de consommer les produits du tra- vail du pays, ou les produits du travail étranger, et qu'ils doivent donner la préférence à ceux-ci, s'ils sont à meilleur marché : la plupart des publicistes continuent à préconiser le système de M. J.-B. Say, système subversif, s'il en fut jamais, auquel le *Moniteur* lui-même a donné crédit, en ces termes, il y a deux ans : « M. J.-B. Say a coulé à fond et résolu par des raisons » inattaquables la question de la balance du commerce. » ( *Mo- niteur* du 28 novembre 1828. )

Il faut donc, dans l'intérêt de tous les Français, sans en excep- ter un seul, et au risque de nous répéter, continuer à combattre les principes de M. J.-B. Say, et à défendre les principes de Sully et de Colbert ; montrer que si l'on adoptait les principes de M. Say, la France deviendrait bientôt une seconde Espagne ; que si l'on s'attache aux principes de Sully et de Colbert, la France montera rapidement au comble de la prospérité.

Toutes les raisons de M. J.-B. Say, pour prouver que nous ne devons pas hésiter à consommer les produits agricoles et manufacturés des étrangers, s'ils sont à meilleur marché que les nôtres ( et ils le sont ), reposent sur ces deux principes :

1° *La monnaie avec laquelle on achète les produits qu'on consomme, ne fait pas, LE MOINS DU MONDE, partie du capital du pays ; c'est une marchandise TOUT COMME UNE AUTRE.*

2° *La richesse d'une nation est d'autant plus grande que les produits y ont moins de valeur.*

Ces principes, nous ne saurions trop le répéter dans l'intérêt du pays et de l'état, sont faux.

## § I.

1° On a su de tout temps, et personne, à ce que nous pensons, n'ignore que la monnaie en circulation dans le monde est, en général, la propriété des *capitalistes* qui l'ont prêtée, qu'elle leur porte rente, et que, par conséquent, elle est un *capital.*

2° « Un capital, dit M. Say, est *une accumulation de valeurs* » *soustraites à la consommation improductive.* » Or, la matière des monnaies, par sa nature, est éminemment *soustraite à la consommation improductive ;* donc elle est un *capital ;* donc *toute la monnaie existante dans le monde* est un *capital.*

A quelle nation ( car l'empreinte est un bien trompeur indice ) appartient ce capital ?

Est-ce à l'Espagne, au Portugal, qui ont tiré la matière dont il est fait des mines de l'Amérique ?

Non ; l'Espagne, le Portugal, l'ont aliéné pour des *marchandises* que leur ont fournies en échange les autres nations, marchandises que l'Espagne, le Portugal, ont *consommées* et dont il ne leur reste plus *rien.*

Appartient-il aux nations qui, en échange des produits de leur industrie, l'ont soutiré des mains espagnoles et portugaises ?

Non ; ces nations l'ont, à leur tour, presque entièrement aliéné, en échange de *marchandises* anglaises, et les Anglais en sont presque exclusifs propriétaires, puisque, pendant la paix, ils remplissent presque exclusivement les emprunts que font toutes les nations, et que, pendant la guerre, ils paient d'immenses subsides aux nations, des forces desquelles ils disposent.

Les doctrines des économistes se brisent contre ces faits, qui manifestent invinciblement que la balance du commerce n'est pas un *vain mot*, une *absurdité*, et que l'argent n'est pas *une marchandise TOUT COMME UNE AUTRE*, ainsi que le prétend M. Say, contre l'opinion de tous les siècles.

## § II.

M. J.-B. Say, dans la *cinquième édition* (1) de son *Traité d'éco-nomie politique*, avance que la vieille maxime *Quand tout est cher, rien n'est cher*, est fausse, et que *La richesse d'une nation est d'autant plus grande que les produits y ont moins de valeur*.

C'est, comme on va voir, une grave erreur (2).

Le degré de richesse dont on jouit n'est-il pas mathématique-ment exprimé par le rapport du prix de ce qu'on a, au prix de ce qu'ont les autres ? Dès-lors, supposez le prix de toutes choses en France deux fois, dix fois, cent fois moindre qu'il ne l'est maintenant : la richesse de chaque Français sera la même en France, car le rapport d'un nombre deux fois, dix fois, cent fois moindre, à un nombre deux fois, dix fois, cent fois moindre, ne cesse pas d'être le même ; à l'étranger, la richesse de chaque Français sera deux fois, dix fois, cent fois moindre qu'elle n'é-tait, car chaque Français ne pourra y agir qu'avec une valeur deux fois, dix fois, cent fois moindre qu'auparavant. Mais que, si, au lieu de prix plus bas, on suppose que toutes choses en France ont un prix double, décuple, centuple : à l'intérieur, la richesse de chaque Français sera la même, car le rapport d'un nombre deux fois, dix fois, cent fois plus grand, à un nombre deux fois, dix fois, cent fois plus grand, ne cesse pas d'être le même ; à l'extérieur, la richesse de chaque Français sera deux fois, dix fois, cent fois plus grande qu'elle n'était, car chaque Français pourra y agir avec une valeur double, décuple, centu-ple. Il est inutile de dire que le pouvoir d'agir du Gouvernement, invariable à l'intérieur, suivra à l'extérieur les phases du pouvoir d'agir de chaque Français, l'impôt annuel faisant passer dans ses mains deux fois, dix fois, cent fois moins, ou deux fois, dix fois, cent fois plus d'or et d'argent.

« Comment se peut-il, se demande M. J.-B. Say dans le *Traité* » *d'économie politique*, que la valeur des choses soit la mesure » de la quantité de richesse qui est en elles, et en même temps

---

(1) Loués par tous les journaux, les écrits de M. J.-B. Say ont eu et ont encore une vogue prodigieuse, non-seulement en France, mais en tout lieu. Traduits dans presque toutes les langues, ils sont enseignés dans plusieurs pays. L'In-stitut de France, « société illustre trop étrangère à ce genre de connaissances », dit M. Say ( *Traité d'économie politique*, 4ᵉ édit., t. II, p. 579), vient de les couronner.

Nous ne troublerions pas, certes, le bonheur de M. Say et de ses disciples, en continuant de soutenir que le système économique de ce célèbre auteur repose de toutes parts sur de fausses bases, s'il ne s'agissait pas des plus grands intérêts publics, des intérêts immédiats de *tous* les Français, sans en excepter, comme nous l'avons déjà dit, *un seul*.

(2) Le raisonnement suivant est extrait de notre réponse à la critique que M. Charles Comte, gendre de M. J.-B. Say, a faite de notre écrit intitulé : *Bases fondamentales de l'économie politique, d'après la nature des choses*.

» que la richesse d'une nation soit d'autant plus grande que les
» produits y ont moins de valeur ? » C'est, avoue-t-il, « l'une
» des plus grandes difficultés que présente l'étude de l'économie
» politique. » C'est que l'une des deux choses est fausse. Il est
fâcheux que ce soit celle qui sert de base à tout le livre.

Pour l'intérieur donc, les prix ne font rien à la richesse : l'essentiel est qu'on y produise les objets nécessaires pour donner à tous l'aisance, et qu'ils s'y distribuent de manière à arriver à tous en suffisante abondance : aux uns, en échange de la rente de leurs capitaux, de leurs biens-fonds ; aux autres, en échange du travail de leur intelligence ; aux autres, en échange du travail de leurs mains (1) ; à tous par d'honorables voies. *Aucun travail n'est honteux, il n'y a que la paresse qui soit honteuse*, dit Hésiode.

L'abondance des métaux précieux dans un pays où d'ailleurs tout abonde, y fait la *cherté* des choses ; la rareté, le *bas prix.* Comme, d'ailleurs, les métaux précieux, par leur inaltérabilité et leur très-grande valeur sous un très-petit volume, sont éminemment transportables au loin, il en résulte que la nation qui les possède et les attire en plus grande abondance, a, dans tout l'univers, action sur les autres.

S'il n'y a pas de mines d'or et d'argent dans le pays, et si le pays possède beaucoup d'or et d'argent, ils y sont venus, ils y viennent par la *vente des produits du pays, supérieure à l'achat des produits étrangers, par la balance favorable du commerce.*

Si le pays possesseur des mines d'or et d'argent, manque d'or et d'argent et est réduit à en emprunter, c'est que, par *l'achat des produits étrangers, supérieur à la vente des produits du pays,* par une *balance défavorable du commerce,* il a aliéné l'or et l'argent qu'il a tirés des mines.

Que M. Adolphe Blanqui, professeur d'économie politique à l'Athénée et à l'Ecole spéciale de Commerce, cesse donc de s'étonner que *la balance du commerce trouve encore aujourd'hui des défenseurs, et règne en souveraine dans nos bureaux.* Il dit que *l'absurdité de la balance du commerce est démontrée jusqu'à la dernière évidence par tous les économistes ?* Les disciples de M. J.-B. Say ne cessent pas de le répéter ?.... Qu'on cite donc une fois cette démonstration qu'on dit être partout, et que nous n'avons pu trouver nulle part ! En attendant, nous croyons pouvoir affirmer que *l'absurdité de la balance du commerce* n'est *démontrée,* ni par M. Say, que le *Globe* appelle le *représentant de l'économie politique en France ;* ni par M. Blanqui, qui a donné un *Précis*

---

(1) Quand une nation arrive à ce point de produire tout en suffisante abondance, et qu'elle ne peut donner une plus grande extension à ses débouchés au dehors, l'invention de nouvelles machines pour remplacer le travail des mains y devient une calamité. ( Voyez notre écrit ayant pour titre : *Bases fondamentales de l'économie politique,* in-8° de 240 pages, à Paris, chez M.ᵐᵉ Huzard. )

*d'économie politique;* ni par M. Droz, membre de l'Institut, qui, à l'exemple des économistes ses prédécesseurs, a accumulé ( qu'il nous pardonne le mot ) des sophismes et non des raisons, pour prouver *l'absurdité de la balance du commerce;* ni par Adam Smith, ni par Ricardo, ni par Malthus, ni par *aucun* économiste; nous croyons même pouvoir affirmer qu'elle ne le sera *jamais*, car jamais on ne parviendra à prouver l'absurdité d'une chose vraie, d'un fait.

Que chacun se demande en France d'où lui vient le revenu avec lequel il achette ce qui satisfait à ses besoins. Il se répondra : de l'argent, des biens-fonds, du travail. Eh bien ! si les produits qu'il achette avec son revenu sont dus aux capitaux, au sol, aux manufactures, au travail des Français, en achetant les produits des Français il alimente toutes les sources du revenu des Français. Si la matière des produits est due à l'agriculture étrangère, il alimente les revenus des agriculteurs étrangers; si, en outre, les produits sont parachevés par les manufactures étrangères, il alimente *toutes* les sources de revenu des étrangers, et *aucune* de celles des Français.

Produisons donc chez nous tout ce que nous pouvons y produire.

Les laines, les animaux, les grains, les produits manufacturés, que nous recevons des étrangers, parce que nos lois ne sont pas suffisamment prohibitives, sont depuis long-temps la cause des justes plaintes de toutes les industries en France, et des vicissitudes qu'à tout instant y éprouvent les revenus et les fortunes des particuliers. La France monterait rapidement au comble de la prospérité, si tous les Français qui, tous, médiatement ou immédiatement, tirent leurs revenus des capitaux, du sol et de l'industrie français, demandaient exclusivement aux capitaux, au sol et à l'industrie français, tous les objets qu'ils sont à même de produire; et les capitaux, le sol et l'industrie français, arriveraient bientôt à en produire pour un nombre incroyable d'habitans.

En effet, contemplez la chaîne de la prospérité de tous en France, telle que la concevaient Sully et Colbert :

1° Refusez des étrangers peu à peu, au moyen de lois graduellement plus restrictives, et enfin tout-à-fait, au moyen de lois prohibitives, les laines, les animaux, les fers, les matières premières de toute espèce, que l'agriculture, que le sol de la France peuvent fournir : l'industrie agricole va peu à peu les produire, les retirer du sol, dont la fécondité va doubler, tripler, croître indéfiniment par les fumiers ( ce grand besoin de l'agriculture ! ) des bêtes à laine et des animaux, dont de plus en plus abondamment on sera à même de le couvrir; des mines sans nombre vont de plus en plus être exploitées, etc. 2° Refusez graduellement et enfin tout-à-fait le travail des manufactures étrangères : les manufactures du pays vont de plus en plus s'emparer des

matières premières fournies par l'agriculture et le sol français,
et les parachever. 3° Le commerce va faire arriver, sans inter-
ruption et de plus en plus abondamment, aux manufactures, les
produits bruts que fournit l'agriculture, et, à toute la population, les subsistances que fournit l'agriculture, et les produits
parachevés qui sortent des manufactures.

Ainsi, les capitaux, les terres, les biens-fonds de toute nature,
le travail de tous, vont de plus en plus et enfin exclusivement
concourir à la production de tout ce qui se consomme en France,
à la création, à l'amélioration de tous les moyens de production.

Dans cet état de choses, rien n'est, ne peut être en souffrance;
les revenus, c'est-à-dire les objets du bien-être, arrivent à tous,
car tous, par leurs capitaux, leurs biens-fonds ou leur travail,
concourent incessamment à les produire; la population, se
classant bientôt d'elle-même en proportion convenable dans les
diverses professions, croît dans chaque industrie, heureuse et
occupée, et par conséquent tranquille, jusqu'au terme marqué
par la nature et l'art à la production des subsistances.

Interrompez cette chaîne, il y a perturbation.

Ainsi, accordez aux manufacturiers, qui la demandent, l'introduction des matières premières, des grains, des animaux,
etc. étrangers, que l'étranger livre à meilleur marché que la
France : 17 millions de Français cultivant la terre voient instantanément tarir leurs revenus; *ils ne peuvent plus acheter les produits
des manufacturiers.*

Accordez aux agriculteurs, qui la demandent, l'introduction
des produits manufacturés étrangers que l'étranger livre à meilleur marché que la France : les manufacturiers français voient
tarir instantanément leurs revenus; *ils ne peuvent plus acheter les
produits des agriculteurs.*

Accordez au commerce, qui, comme nos économistes, la
demande, l'introduction des produits agricoles et manufacturés
que l'étranger livre à meilleur marché que la France : les agriculteurs et les manufacturiers voient instantanément tarir leurs
revenus; *ils ne peuvent plus acheter les produits que leur offre le commerce;* les capitaux s'écoulent, les biens-fonds baissent rapidement de valeur; le travail, source de toute prospérité, manque
aux classes pauvres, l'industrie se perd, la France devient une
seconde Espagne.

Touchez même, dirons-nous, à *un seul* anneau de la chaîne,
un mal général s'ensuit. Par exemple, on ne cesse de réclamer
à grands cris, dans l'intérêt de l'agriculture, la libre entrée des
fers étrangers, qui sont à meilleur marché que les fers français.
Accordez-la : la population qui exploite le fer est instantanément arrêtée dans son travail; elle ne peut plus acheter les *produits agricoles,* elle ne peut plus acheter les *produits manufacturés :*
les revenus de *tous les Français* en sont par conséquent immédiatement affectés.

En un mot, *il n'est pas une seule industrie qui ne soit intéressée à la prospérité de toutes les autres industries dans une nation* (1); *et de la convenable répartition de la population dans toutes les industries, résultent l'harmonie du tout, le bonheur, le bien-être de chacun, l'union, la force, l'indépendance de la nation* (2).

Voilà ce que, de temps immémorial, a appris aux nations l'antique Egypte, inventrice de la Politique ou art de rendre les peuples heureux, et ce que, jusqu'à nos temps, nul n'avait contesté. Voilà ce que Sully et Colbert avaient sans cesse devant les yeux.

Ministres de nos jours, voulez-vous, comme eux, vous immortaliser ? Ne détournant point la vue du bien-être du peuple, fin de la Politique, soustrayez impitoyablement l'impôt à l'avidité des partis qui se le disputent, et par là, 1° Diminuez-le considérablement, en faisant porter la diminution sur les industries qui fournissent au peuple les nécessités de la vie, c'est-à-dire sur l'agriculture et les arts nécessaires ; 2° Eteignez en peu d'années les dettes de l'Etat ; 3° Supprimant toute dépense inutile, faites exécuter des travaux nécessaires et profitables à tous, routes, canaux, ponts, déviations des cours d'eau pour arroser tout le sol de la France qui en est susceptible, afin d'en quadrupler la fécondité ; etc., etc., etc. ; faites-les exécuter par les mains des classes pauvres, dont vous procurerez ainsi doublement le bonheur ; 4° Economisez chaque année sur l'impôt, afin de procurer en peu d'années à l'Etat une réserve capable de faire face à une guerre, à une grande dépense imprévue, sans avoir besoin d'augmenter l'impôt ni d'emprunter. Sully a fait cela ; Colbert (3) le faisait très-rapidement, quand l'ambition

---

(1) La théorie des échanges et des débouchés qu'a donnée M. J.-B. Say, est vague et erronée. ( Voy. les *notes* dont nous avons accompagné la *critique* de nos écrits faite par M. Charles Comte, gendre de M. Say, et que nous avons fait réimprimer ). Aristote sur ce point a tout dit en quelques lignes. La sage Egypte a fait plus : elle l'a pratiqué durant une longue suite de siècles.

(2) Ennemi des *lumières*, vous voulez donc, avec des *armées de douaniers*, de plus en plus *parquer la nation*, disent ceux qui, avec de vains mots, croient pouvoir résoudre les questions. Nous répondons : Que la *lumière* (la vraie) arrive à chaque Français, qu'elle l'éclaire, le pénètre ; les *armées de douaniers* seront inutiles, car aucun Français ne consentira plus à consommer un produit étranger qu'à l'intérieur on peut fabriquer en suffisante abondance, sachant qu'il y va de son bien-être particulier, comme de celui de tous. De son propre mouvement alors, la nation se *parquera*, reconnaissant ( ce qu'elle méconnaît trop aujourd'hui) qu'on l'avait jusque-là parquée pour son bien..... Ah ! ce n'est pas sans raison que Sully, Colbert et Napoléon voulaient qu'on n'usât en France que de produits français, c'est-à-dire dus aux terres, aux manufactures, aux capitaux, au travail des Français.

(3) *Quel riche pays que la France !* disait-il. *Si les ennemis du roi le laissaient jouir de la paix, on pourrait, en peu d'années, procurer à ses peuples cette aisance que leur promettait Henri-le-Grand.*

de Louis, excitée par Louvois, vint bouleverser tous ses plans, ce qui occasionna, dit-on, la mort de ce grand homme. Chaque année, une carte de France et des plans à la main, venez, aux applaudissemens de tout un peuple, rendre compte aux Chambres des travaux faits, et justifier ainsi, à la face de la Nation, l'emploi des fonds qu'elle met chaque année à votre disposition pour l'administrer, c'est-à-dire pour *la rendre heureuse*, et non pour les dépenser sans qu'il en reste de trace sur le sol du pays. Soyez les Ministres de la France, et jamais d'un parti : opposez une volonté de fer à l'ambition des individus : la société, le pouvoir, dont ils se proclament les amis, n'ont pas de plus grands ennemis. Il ne sera pas sans cela, ô Ministres ! de bonheur pour la France, de gloire pour vous, de consolidation pour le pouvoir. L'art de bien gouverner, *indépendant de la constitution des pouvoirs, sur laquelle on dispute depuis quarante ans en France*, est de temps immémorial connu ; il est un ; il est immuable ; il s'apprend, dit Xénophon, comme toute autre connaissance ; il est tout entier dans l'histoire, cette sage conseillère des rois. C'est là qu'il faut incessamment l'étudier, et non dans d'idéales théories, dans de quotidiennes déclamations. *Utinam!*

----

Il est parlé dans l'écrit que je viens de reproduire, du dernier raisonnement fait par M. J.-B. Say pour prouver qu'il est indifférent aux Français de consommer les produits du travail du pays ou les produits du travail étranger, et qu'ils doivent donner la préférence à ceux-ci, s'ils sont à meilleur marché. Voici ce dernier raisonnement de M. J.-B. Say :

« Que le consommateur use, pour ses besoins, une valeur de cent écus de toile de lin, qui est un produit indigène, ou une valeur de cent écus de toile de coton, qui est un produit exotique, il n'est pas plus appauvri d'une façon que de l'autre.

» Il en est de même du producteur : qu'il dépense cent écus pour procurer au consommateur de la toile de coton ou de la toile de lin, cette somme n'est pas moins avancée par lui et remboursée par le consommateur.

» Or, qu'est-ce que des lois qui ne profitent ni au producteur ni au consommateur, et ne servent qu'à les gêner, l'un dans ses actions, et l'autre dans ses goûts ? » ( *Revue encyclopédique*, janvier 1830, pages 50, 51. )

Le vice de ce raisonnement, comme de tous ceux de M. J.-B. Say sur cette matière capitale, est, ce me semble, de nature à frapper tout lecteur attentif. En effet, si le produit est dû à l'industrie étrangère, cent écus ( moins le gain du commerçant français qui, je suppose, livre le produit, et que M. J.-B. Say appelle à tort, ici et dans ses écrits, *producteur* ) sont acquis à l'industrie étrangère, à tous ceux qui, par leur travail, leurs biens-fonds, leurs capitaux, ont fabriqué à l'étranger le produit. Si le produit est dû à l'industrie indigène, les cent écus, au contraire, sont acquis aux Français qui, par leurs capitaux, leurs biens-fonds, leur travail, ont fabriqué le produit ( moins le gain fait par le commerçant français qui a vendu le produit au consommateur ). Mais ce n'est pas tout : allons jusqu'au bout, ce que M. J.-B. Say ne fait guère dans ses écrits. Dès que le produit est usé, s'il a été fabriqué au dehors, il ne reste plus rien dans la nation ( abstraction faite du gain du commerçant français ) de la valeur cent écus qu'il représentait ; et la nation étrangère qui l'a fabriqué a cent écus de plus qu'elle n'avait, provenant de la nation consommatrice du produit, qui les a en moins, et représentant le travail fait, lequel se trouve ainsi mis non-seulement sous forme de valeur impérissable, mais généralement capitalisé, c'est-à-dire portant lui-même rente, soit qu'on prête les cent écus à la nation qui, les ayant aliénés, a naturellement besoin de les emprunter ; soit qu'on les prête à toute autre nation qui offre des conditions plus avantageuses ; soit que, dans la nation même qui a fabriqué le produit avec lequel on a acquis le capital cent écus, on applique ce capital à fabriquer de nouveaux produits pour les exporter de nouveau, ou à un travail directement profitable au pays. Que si, au contraire, la nation française avait fabriqué elle-même le produit qu'elle a consommé, la valeur cent écus resterait encore tout entière en France, après qu'il n'y resterait plus rien de la valeur du produit détruit par la consommation.

Cela fait voir clairement, pour le dire en passant, que, de province à province, le commerce peut être libre sans danger pour une nation ; mais que, de nation à nation, il faut y regarder de près, pour qu'il y ait balance de valeur entre l'importation et l'exportation des produits ; sans quoi, l'argent, que le grand Frédéric appelait la *puissance,* parce que c'est généralement l'invisible levier avec lequel on remue tout, pourrait fort bien s'écouler au dehors de la nation. C'est donc une erreur de dire avec M. Charles Dupin, quand l'argent est un des produits qu'on échange : *Le résultat d'un échange est un gain pour chacune des deux parties qui l'opèrent ; et cela n'est pas moins vrai DE NATION A NATION que de particulier à particulier, de ville à ville, de province à province.*

Mais M. J.-B. Say pousse dans ses écrits l'erreur bien plus loin qu'on ne pourrait l'imaginer d'après le raisonnement que je viens de rapporter et de combattre. Ecoutez-le, dans le *Caté- chisme d'économie politique,* qu'il a rédigé pour l'instruction du peuple :

» D. *Qu'est-ce que la balance du commerce ?*

» R. C'est l'état des exportations d'un pays, comparé avec l'état de ses importations.

» D. *Si l'on pouvait avoir jamais de pareils états exacts, qu'est-ce qu'ils apprendraient?*

» R. Ce qu'une nation gagne annuellement dans son commerce avec l'étranger. Elle gagne d'autant plus que la somme des produits qu'elle importe surpasse la somme des produits qu'elle exporte.

» D. *Sur quel motif appuyez-vous cette conséquence?*

» R. Dans nos relations d'affaires avec les nations étrangères, la nôtre ne saurait perdre ou gagner que ce que nos compatriotes perdent ou gagnent dans ces mêmes relations. Or, nos compatriotes gagnent d'autant plus que la valeur des retours qu'ils reçoivent surpasse davantage la valeur des marchandises qu'ils ont expédiées au dehors (1).

---

(1) Il ne faut pas oublier ici que M. J.-B. Say pose en principe que *l'argent* (la matière soit de l'or, soit de l'argent, sous forme de monnaie) *est une marchandise tout comme une autre*; d'où il résulte nécessairement, selon lui, que lorsque nos compatriotes achètent au dehors avec de l'argent des marchandises pour cent millions, qui, livrées aux consommateurs, en valent cent cinquante, nos compatriotes, et, par conséquent, la nation, s'enrichissent d'une valeur de cinquante millions.

Adam Smith le premier a mis ce sophisme en avant.

« Si 100 mille livres d'or anglais, dit-il, achettent du vin français, qui en Angleterre vaut 110 mille livres, il résulte de cet échange une augmentation de 10 mille livres de capital pour l'Angleterre. Un marchand qui dans sa cave a du vin pour 110 mille livres, est plus riche que celui qui n'a en or dans ses coffres que pour 100 mille livres. Il peut mettre en activité une quantité d'industrie plus grande, et, par l'emploi qu'il donne à un plus grand nombre d'individus, fournir un accroissement de revenu et de subsistance. Or, le capital d'un pays est égal à tous les capitaux particuliers dont il se forme, et la somme d'industrie qu'il peut mettre en activité égale celle que ces différens capitaux peuvent entretenir : par conséquent, l'effet de cet échange doit être, en général, d'augmenter à la fois et le capital du pays et la somme d'industrie que ce capital peut faire agir annuellement. »

Un seul mot : Dès que le vin sera bu, il ne restera aux Anglais, de sa valeur 110 mille livres, que 10 mille livres dont se sera enrichi le marchand : 100 mille livres auront disparu, et se trouveront bien réellement en moins dans le capital de l'Angleterre ou somme des valeurs possédées par les Anglais.

Mais, dit Adam Smith ( et M. J.-B. Say le redit après lui ) : « La richesse ne consiste pas dans le numéraire, ou dans l'or et l'argent, mais bien dans ce que l'argent achette, et dans ce qui n'a de valeur que par l'achat. »

Non, *le numéraire, l'or, l'argent, ne se mangent pas*, comme le dit fort bien M. J.-B. Say, et comme l'a dit plus de deux mille ans avant lui Aristote; mais le numéraire, l'or, l'argent, sont un moyen tout-puissant d'accumuler la richesse et de l'accumuler *indéfiniment*, comme le fait remarquer Aristote, ce à quoi ni Adam Smith, ni M. J.-B. Say, ne font nulle attention, non plus que M. Adolphe Blanqui, qui prétend que ces économistes ont *détrôné l'or et l'argent*.

Pour que l'or et l'argent soient détrônés, il faut 1° que, par leur moyen, on cesse de pouvoir tout achter, jusqu'à la Politique des nations ; 2° que, mis sous la forme de monnaie, ils cessent de porter rente à ceux qui les prêtent, soit à des particuliers, soit à des nations. Or, aujourd'hui, comme du temps d'Aristote, 1° par leur moyen on peut tout achter, jusqu'à la Politique des nations ( témoin l'Angleterre qui, avec l'or et l'argent, a suscité de nos jours tant de guerres contre la France ); 2° l'or et l'argent, sous forme de monnaie, rapportent rente,

3

» D. *Pourquoi beaucoup de personnes croient-elles, au contraire, que le gain d'un pays se compose de l'excédant de ses exportations sur ses importations ?*

» *R.* Parce qu'elles ignorent les procédés du commerce, et les sources d'où provient la richesse des nations. » ( *Catéchisme d'économie politique*, 3ᵉ édit., Paris 1826, p. 98, 99. )

Je le demande, ces principes sont-ils tirés de l'expérience ? ne sont-ils pas précisément le contraire de ceux qu'enseigne l'expérience ? En effet, et pour ne remonter dans l'histoire qu'à des faits près de nous, n'est-ce pas en exportant immensément plus de produits qu'elle n'en a importés, que l'Angleterre a accumulé dans son sein une colossale richesse ? N'est-ce pas, au contraire, en important immensément plus de produits qu'elle n'en a exportés, que l'Espagne a vu, non-seulement s'écouler au dehors la presque totalité des métaux précieux qu'elle possédait, mais s'éteindre chez elle toutes les industries qui la rendaient avant florissante ? Si les principes de M. J.-B. Say sont vrais, comment l'Espagne, en les suivant, s'est-elle ruinée ? Si les principes contraires à ceux de M. J.-B. Say sont faux, comment l'Angleterre, en les suivant, a-t-elle à un si haut point accumulé la richesse ?

Je laisse à penser de combien de raisonnemens captieux, de doctrines erronées, de sophismes, pour tout dire en un mot, M. J.-B. Say a dû pendant trente ans remplir ses écrits, pour parvenir à étayer et réussir à persuader à la génération actuelle de semblables principes, directement opposés au sens commun et aux principes des Politiques de tous les temps et de tous les pays, notamment, pour ne pas remonter plus haut, aux principes politiques de Sully, de Colbert, du grand Frédéric, de Napoléon, et de tous les ministres anglais, sans en excepter un seul, depuis le règne d'Élisabeth jusqu'au temps actuel.

Or, ce sont ces raisonnemens captieux, ces doctrines erronées, ces sophismes, qui avaient porté aux nues la réputation de M. J.-B. Say en France et dans tous les pays, que j'ai un à un combattus depuis neuf ans, jusqu'au dernier qu'il ait plu à M. J.-B. Say de produire.

Il est bien remarquable que M. J.-B. Say, qui a eu en main tous mes écrits, puisque je les ai tous adressés à la *Revue encyclopédique*, où il était chargé de la partie de l'économie politique, n'ait jamais répondu à aucune de mes réfutations, lui, si

---

soit qu'on les prête à des particuliers, soit qu'on les prête à des nations ( témoin l'Angleterre qui, en remplissant depuis la paix tous les emprunts qu'ont faits les nations diverses, a rendu toutes ces nations ses tributaires ). Donc Adam Smith et M. J.-B. Say n'ont pas *détrôné l'or et l'argent*, comme l'a assuré M. Adolphe Blanqui dans la *Revue encyclopédique*, et comme tant de gens ont la simplicité de le croire.

susceptible et n'ayant jamais manqué jusque-là d'écraser, sous le poids de son autorité et de son immense renommée, quiconque osait le contredire, que dis-je? quiconque osait mettre en avant la moindre idée qui ne fût pas servilement calquée sur ce que lui-même avait avancé.

Mon premier écrit économique fut tourné en ridicule dans la *Revue encyclopédique* par un anonyme. Mon second écrit fut, d'un ton badin et léger, immolé à la risée des lecteurs par M. Charles Comte, gendre de M. J.-B. Say, aujourd'hui député et membre de la classe des sciences morales et politiques de l'Institut. Voici ce qu'il y a de plus sensé, en apparence, dans la critique de ce spirituel mais tout superficiel écrivain :

« L'amour de la balance du commerce ne va pas sans les prohibitions, ou sans des droits de douane qui en tiennent lieu. Aussi, M. de Cazaux prêcherait-il volontiers une croisade contre la liberté du commerce. Quel danger pour l'Etat, si chacun avait la faculté d'échanger sa propriété contre une propriété qui lui paraîtrait préférable! N'est-il pas clair que si chacun faisait bien ses affaires, tout le monde serait ruiné? Quoi! cet homme qui demeure en-deçà du Rhin offre de me donner pour dix francs une marchandise de mauvaise qualité; et l'on me permettrait d'acheter une marchandise d'une qualité supérieure d'un homme qui demeure au-delà du Rhin, et qui veut me la donner à un prix moins élevé! Ce serait vraiment un scandale! Ne suis-je pas tenu, en conscience, de donner la préférence à celui qui a sur son concurrent l'avantage inestimable d'être soumis au même préfet que moi, d'être surveillé par la même police, d'être rançonné par le même percepteur, d'être emprisonné par les mêmes gendarmes? »

Je m'empressai de faire réimprimer en entier la critique de M. Charles Comte aussitôt que j'en eus connaissance, avec des notes qui y répondaient de point en point. Voici ma réponse au passage qu'on vient de lire : elle se rattache tout-à-fait, de même que ce passage, à la question soumise aujourd'hui par le Ministère aux méditations des Conseils de l'agriculture, de l'industrie et du commerce.

« L'idée du critique est féconde et nouvelle : quel trait de lumière! On se hâte de la compléter ici, avant qu'aucun économiste s'en empare. On se flatte qu'elle attirera la haute attention, non de nos Ministres routiniers ( ils sont incorrigibles, ni plus ni moins que les déclamateurs ), mais de l'*Europe éclairée*, c'est-à-dire *approbatrice* des écrits de M. J.-B. Say (1).

---

(1) « Il est peu de sujets ( dit M. J.-B. Say dans la *Revue encyclopédique*) sur lesquels on ait autant déraisonné que sur l'économie politique. *Chacun à ce métier* ( dit M. J.-B. Say, avec le même poète qui a dit plus sérieusement : « Soyez plutôt maçon, si c'est votre talent » ) *chacun à ce métier peut perdre impunément*

» Français ! le blé de la Russie, rendu d'Odessa à Marseille, ne coûte que 5 francs l'hectolitre : il est meilleur que celui qu'en France on paie 12 francs l'hectolitre : laissez le blé de vos compatriotes, achetez le blé de la Russie. Chacun y gagnera, même les 17 millions de Français qui font croître le blé que consomme la France.

» Les chevaux, les bœufs, tous les animaux, sont à meilleur marché en Allemagne qu'en France : Français ! achetez les bestiaux de l'Allemagne, laissez ceux de France. Chacun y gagnera, même les Français qui s'adonnent à élever les bestiaux que consomme la France.

» Les produits manufacturés de l'Angleterre sont meilleurs et coûtent bien moins (1) que ceux qu'on fabrique en France : Français ! achetez les produits manufacturés de l'Angleterre, laissez ceux de France. Chacun y gagnera, même les Français qui fabriquent les produits manufacturés que consomme la France.

» Que si l'on vous fait l'objection que, les Français n'achetant plus les produits des Français, les Français cesseront d'avoir du revenu et de pouvoir acheter les produits des étrangers, riez au nez de celui qui vous la fera, et, haussant les épaules avec M. Charles Comte, continuez à répéter à cette occasion, puisque le maître l'a dit : *Si tout le monde y gagne, comment la nation y perdrait-elle ?* ( Catéchisme d'économie politique, p. 106 ) (2).

» Que si l'on insiste, dites, par pure pitié : Aucune nation ne peut donner le vin, les soieries (3), à meilleur marché que

---

*de l'encre et du papier ;* mais c'est un mal ( s'empresse d'ajouter M. J.-B. Say ) dont il est facile au public de se garantir, en ne lisant que ce qui a obtenu l'approbation de *l'Europe éclairée.* » C'est-à-dire, bien clairement, en ne lisant que les écrits de M. J.-B. Say, ce que sa modestie n'a pas voulu plus explicitement dire.

(1) Grâce aux machines ( au lieu du travail humain ) avec lesquelles on les fabrique, ce qui concentre de plus en plus tous les revenus entre les mains des possesseurs de machines, et laisse de plus en plus sans ressources le peuple, auquel le Gouvernement anglais est de plus en plus forcé de faire l'aumône, pour l'empêcher de briser les machines et de bouleverser l'Angleterre. Attirer à soi les profits qui doivent revenir aux autres, est une action criminelle, dit Cicéron. C'est le procès des machines, du moment qu'elles privent de travail le peuple. ( *Note ajoutée.* )

(2) Il y a entre cette phrase et la phrase ironique du critique « N'est-il pas clair que si chacun faisait bien ses affaires, tout le monde serait ruiné ? » un tel air de famille, qu'on les croirait sorties de la même plume.

(3) Il y a six ans que ceci a été écrit. Aujourd'hui la France ne peut plus lutter contre la Suisse, l'Italie, la Prusse et l'Angleterre, pour les soieries *unies :* c'est ce qui a occasionné, il y a quinze mois, les troubles de Lyon. Voilà comme il convient de se fier aux débouchés du dehors ! Si maintenant, comme il est permis de le penser, les étrangers parviennent à fabriquer les soieries *ouvrées,* c'en sera fait du commerce de Lyon. ( *Note ajoutée.* )

la France ; que la France se couvre de vignes et de mûriers, et donne son vin et ses soieries à la Russie qui fournira le blé, à l'Allemagne qui fournira les bestiaux, à l'Angleterre qui fournira les produits manufacturés. Tout le monde y gagnera ; et, « Si tout le monde y gagne, comment la nation y perdrait-elle ? » ( *Catéchisme d'économie politique*, p. 106. )

» Que si, croyant vous pousser à bout, on objecte qu'il est peu politique de se mettre, surtout pour les subsistances et les autres objets des essentiels besoins, à la merci des nations étrangères, répondez sans hésiter : « L'économie politique n'est pas la Politique » ( *Catéchisme d'économie politique*, p. v ), et fermez ainsi la bouche aux ignorans.

» Que si, après cela, on s'avise de remuer, de sourciller, appelez *têtes nébuleuses* ( Catéchisme d'économie politique, 3ᵉ édition, p. x ), *cervelles contrefaites* ( Traité d'économie politique, 4ᵉ édition, t. I, p. xxv ), *champions nés de toute espèce d'ignorance* ( *id.*, p. lxvj ), *esprits faux, incapables de saisir la liaison et le rapport de deux idées* ( *id.*, p. xlix ), *gens à vues étroites et à présomption large* ( *id.*, p. xxiv ), etc., etc., etc. ( Voir à cet égard les écrits de M. J.-B. Say), ceux que tant de raisons ne satisferont pas. Dites bien haut que vous avez raison ; faites-le proclamer dans vingt journaux, par des amis, qu'à leur tour vous élèverez aux nues dans ces mêmes journaux : vous triompherez, n'en doutez pas ; et, moyennant qu'on signale comme *complètement ignorant*, et, au besoin, comme *ridicule*, quiconque osera, dans des écrits, attaquer vos écrits, de votre vivant, du moins, vous jouirez en paix de l'immortalité, ce qui est fort doux et même lucratif. »

Ma réponse à la critique de M. Charles Comte, dont je viens de transcrire la partie qui se rapporte au sujet ici traité, date de six ans. M. Charles Comte n'ayant pas répliqué, il me permettra, en une matière aussi grave, de persister dans mes opinions raisonnées, jusqu'à ce que des opinions mieux raisonnées me contraignent à abandonner la partie. Alors, si mes écrits avaient, je ne dis pas la célébrité de ceux de M. Charles Comte, qu'a couronnés l'Institut (1) et qui viennent d'en ouvrir les portes à M. Charles Comte, mais la moindre célébrité, je m'empresserais, dans l'intérêt du pays, de rétracter hautement mes erreurs.

L'antique principe qu'en toutes choses il y a un juste milieu à saisir, entre le vice par excès et le vice par défaut, qui sont également à fuir, est continuellement applicable à la conduite des nations comme à la conduite des individus : il est le fonde-

(1) En 1829, l'Institut a couronné les écrits de M. Charles Comte qui enseignent ou sont censés enseigner *comment les nations prospèrent, déclinent ou restent stationnaires.*

ment de la Politique comme de la Morale. Il n'est pas d'homme ayant l'usage de sa raison, de Politique tant soit peu digne de ce nom, qui ne l'aient toujours senti. Si M. Casimir Périer, dont le nom vivra dans l'histoire, n'en eût pas été pénétré, et si le Ministère actuel n'eût pas hérité de sa Politique, l'anarchie règnerait aujourd'hui en France, et la guerre civile et étrangère dévorerait ses enfans et ses capitaux.

Dans ce qui fait le sujet de cet écrit, où se trouve le juste milieu recommandé par la sagesse depuis l'origine des sociétés ?

Le voici :

Une société peut-elle, oui ou non, par la nature du pays qu'elle habite, parvenir à retirer du sol, à produire en suffisante abondance les objets de ses essentiels besoins ?

Dans le premier cas, comme le lien social réside uniquement dans les échanges des produits divers que font entre eux les membres de la société, rendez ce lien le plus fort, le plus indissoluble possible entre toutes les industries diverses, et par suite entre tous les citoyens, en faisant de la société une société parfaite, c'est-à-dire se suffisant à elle-même ; et le moyen, c'est évidemment de cesser peu à peu et enfin tout-à-fait de consommer les produits étrangers qu'on produit ou peut parvenir à produire en suffisante abondance dans la société. Bientôt l'ordre social, consistant dans la convenable répartition des travailleurs entre les diverses industries, s'établira naturellement de lui-même, et rien ne pourra le déranger, si d'ailleurs, à l'exemple de l'antique Egypte, on met dans les années de bonnes récoltes les grains surabondans en réserve dans des silos (1), à la manière de nos ancêtres, pour suppléer aux grains qui pourraient manquer dans les mauvaises années, de telle sorte qu'y en ayant toujours assez et jamais trop sur les marchés, le prix en demeure toujours à peu près constant, comme les salaires et les revenus, ce qui est de la plus haute importance.

Dans le second cas, procurez-vous au dehors ce que vous ne pouvez point ou pas en suffisante abondance tirer du sol ou fabriquer dans la société, en échange de ce que vous pouvez tirer du sol ou fabriquer surabondamment, conformément à ce que dit Aristote, et non en échange de monnaie ; car, vos métaux précieux s'écouleraient au dehors, vous seriez réduits à en emprunter aux nations qui les auraient attirés en vous vendant les produits de leur travail, et les rentes de vos biens-fonds, et, par

___

(1) J'ai vu dans mon enfance de ces silos, à la maison de campagne où je suis né. C'étaient de petits souterrains de forme ovoïde, creusés en terrain bien sec, sous les granges, celliers, etc., et simplement revêtus d'argile bien lissée et ensuite bien desséchée ; une étroite ouverture, ménagée au bout supérieur, servait à y introduire les grains ; le silo rempli, elle était hermétiquement fermée et recouverte de terre, pour défendre les grains de tout contact de l'air et de toute variation de température.

conséquent, vos biens-fonds eux-mêmes, deviendraient de plus en plus la propriété de ces nations.

Les nations doivent d'ailleurs, quand il y a lieu, s'entresecourir en ce qui touche aux subsistances, dont la production est subordonnée aux saisons. La nation qui surabonde de grains doit en fournir à celle dont les réserves ne suffisent pas à compléter l'approvisionnement annuel nécessaire, sauf à être à son tour secourue par elle dans l'occasion. Mais cela arrivera très-rarement.

Voilà le juste milieu à garder, et pour la *société parfaite*, et pour la *société imparfaite*.

Vouloir recevoir des étrangers les produits qu'on fabrique ou peut fabriquer dans la nation en suffisante abondance pour les besoins de tous, voilà un des excès à fuir.

Ne pas vouloir recevoir des étrangers les produits qu'on ne peut point ou pas en suffisante abondance produire ou parvenir à produire dans la nation pour les besoins de tous, voilà l'autre excès à fuir.

Sous un autre rapport :

Faire prendre ou laisser prendre à une ou plusieurs industries plus d'extension que n'en comportent les besoins de la société, dans le but d'attirer l'argent des autres nations par une balance favorable du commerce, est un excès, est tomber dans la chrématistique honteuse, est vouloir faire tort à ces nations, et à la sienne propre, du moment que ces nations ouvriront les yeux et apprendront à fabriquer elles-mêmes les produits que leur vendait la nation, ou bien du moment que quelqu'autre nation la supplantera sur leurs marchés ;

Pour une société parfaite ou susceptible de le devenir, et même pour la société imparfaite, aliéner l'argent par une balance défavorable du commerce, est un excès contraire, est être dupe de la chrématistique honteuse, est laisser sottement et impolitiquement aliéner ses biens ;

Quand il y a lieu à importer, c'est-à-dire quand on ne peut point ou pas en suffisante abondance parvenir à produire les objets des besoins, balancer l'importation et l'exportation des produits, c'est-à-dire ne pas attirer l'argent des autres nations, et ne pas laisser attirer le sien par elles, est le juste milieu dans lequel il convient de se tenir; à moins toutefois qu'on ne possède des mines de métaux précieux, seul cas où on peut se permettre d'acquérir, par leur moyen, à défaut d'autre, les produits qu'on est dans l'impossibilité de retirer du sol du pays ou de fabriquer soi-même : je dis *à défaut d'autre*, parce qu'il n'est pas prudent d'augmenter la prépondérance relative d'aucune nation, tant que la paix universelle n'est pas assurée, ce qui ne sera ( si, comme je l'aime à croire, elle n'est pas un rêve) que quand les principes de la Politique vraie auront été, par la solide instruction, profondément gravés dans les cœurs de tous les hommes composant les diverses sociétés.

Quand, en toutes choses, un individu, une nation, se tiennent dans le juste milieu, c'est-à-dire ne donnent, pour quoi que ce soit, ni dans l'excès ou désordre en plus, ni dans l'excès ou désordre en moins, ils sont en tout point *vertueux* ( chaque vertu étant au *milieu* des excès opposés ), et on les appelle *justes*. Ainsi, *la justice est la réunion de toutes les vertus*, proverbe antique, rappelé par Aristote, et qu'il n'est pas inutile de reproduire aujourd'hui, puisque les partis qui parmi nous donnent dans les excès contraires poussent l'aveuglement ou l'ignorance jusqu'à flétrir le système de modération que suit le Gouvernement du nom d'*ABSURDE juste milieu*; or, d'après tous les moralistes, c'est comme s'ils disaient : l'*ABSURDE vertu*, l'*ABSURDE justice*, l'*ABSURDE sagesse*, ce qui est le comble de la folie. Malheur à la société, et à ces insensés tout les premiers, si le Gouvernement venait à céder aux pressantes sollicitations, soit des uns, soit des autres ! Qu'il s'attache au juste milieu, de quoi qu'il s'agisse : il est d'autant plus urgent et d'autant plus glorieux de le faire, que plus de fous veulent l'en détourner.

Le juste milieu en toutes choses ! telle est donc la Morale antique. Je crois qu'il n'y a rien à y ajouter, ni rien à en retrancher, non plus qu'aux principes de la Politique ( justes milieux aussi, auxquels je convie les Ministres de se fixer ), découverts dès les plus anciens temps, et, qui plus est, mis en pratique par l'antique Égypte durant une très-longue suite de siècles, pour le bonheur de cette nation et l'éternel exemple des autres.

M. Charles Comte dit : « J'aurais voulu trouver dans l'ouvrage de M. de Cazaux quelque pensée originale, quelque idée utile qui n'eût pas été exprimée avant lui. Mais j'ai vainement cherché : tout ce qu'il a dit a été dit par d'autres et mieux. » Pourquoi faut-il que M. Charles Comte et M. J.-B. Say, son beau-père, aient rempli leurs écrits économico-politiques de pensées originales, d'idées qui n'avaient pas été exprimées avant eux ou ne l'avaient été que de nos temps ? Pourquoi faut-il que tant d'autres aient fait comme eux ? Pourquoi faut-il qu'oubliant ce mot de Voltaire, *l'envie d'entendre des choses extraordinaires a perverti dans tous les temps le sens commun*, toute la génération actuelle, c'est-à-dire la partie qui se dit instruite, ait goûté ces pensées originales, ces idées nouvelles qu'on lui a présentées ? Je me serais dispensé de rappeler les idées utiles qui ont été exprimées avant moi par d'autres et mieux, comme le dit avec toute raison M. Charles Comte. Mais, dût, par-delà ma vie, se réaliser ce qu'a dit M. Charles Comte des *Bases fondamentales de l'économie politique* que j'ai publiées il y a huit ans, savoir qu'elles sont et seront encore long-temps ignorées, je n'éprouverais jamais le regret de n'y avoir rien mis de mon crû. Je crois devoir dire à cette occasion que si Napoléon , quand il voulut réorganiser la société française tombant en dissolution , se hâta de supprimer la classe des sciences morales et politiques de l'Institut , qu'on vient de rétablir , c'est , je pense , parce que ceux qui la composaient et que ce grand homme appelait *idéologues* ( ainsi que tous ceux qui marchaient sur leurs traces ) , s'étaient généralement beaucoup écartés , dans leurs écrits et dans leurs discours , des principes de la Morale et de la Politique antiques , auxquels il n'y a rien à ajouter et desquels il n'y a rien à retrancher , depuis plusieurs mille ans qu'ils sont connus.

M. le Ministre du commerce exprime dans son discours une grande vérité. *Il n'y a pas* , dit-il , *d'exemple d'une industrie puissante et riche qui n'ait pour origine un tarif protecteur.* En effet , pour remonter à l'exemple le plus anciennement connu , c'est en prohibant l'usage des produits étrangers , c'est-à-dire en accordant au travail du pays le maximum de liberté et de protection , que l'antique Egypte développa dans son sein toutes les industries , et devint très-rapidement *société parfaite* , c'est-à-dire se suffisant à elle-même et complètement indépendante des autres nations qui, par des jalousies de commerce , des motifs d'intérêts , etc. , ne cessaient de se quereller et d'être malheureuses.

*Le monde* , dit M. le Ministre du commerce dans un autre endroit de son discours , *est entré aujourd'hui dans des voies nouvelles. Tous les peuples demandent à se rapprocher , à s'entendre , à échanger leurs richesses. On essaie de convertir peu à peu les prohibitions absolues en tarifs , les tarifs élevés en tarifs modérés. La France ne sera pas la dernière à suivre cet exemple.* Effectivement , la France , depuis 1830 , a marché et continue de marcher dans ces nouvelles voies , au lieu de rétrograder graduellement jusqu'à l'absolue prohibition de tous les produits qu'elle est susceptible de fabriquer elle-même.

Les *voies nouvelles* , indiquées par nos idéologues , sont , je le répèterai toujours , celles de la désorganisation des sociétés ; puisqu'il est de toute évidence , comme le proclame Aristote et comme l'a , dès les plus anciens temps , reconnu l'antique Egypte , que le lien social réside uniquement dans les échanges des produits divers que font entre eux les membres de la société.

*Tous les peuples* , dit M. le Ministre , *demandent à se rapprocher , à s'entendre , à échanger leurs richesses.* Ce que demandent tous les peuples , c'est d'être heureux : jamais ils n'ont demandé , jamais ils ne demanderont qu'on introduise du dehors les choses que par leur travail ils produisent ou peuvent parvenir à produire en suffisante abondance pour le bien-être de la nation ; jamais ils n'ont demandé , jamais ils ne demanderont qu'on exporte les produits qu'ils ne fabriquent pas en suffisante abondance ou qu'ils ne fabriquent qu'en suffisante abondance pour les besoins de la nation ; jamais ils n'ont demandé , jamais ils ne demanderont à produire surabondamment aux besoins de la nation, pour aller troubler les industries des autres peuples qui produisent ou peuvent parvenir à produire en suffisante abondance pour les besoins des sociétés dont ils font partie. C'est la chrématistique honteuse, la chrématistique avide d'argent, qui a toujours demandé cela, et qui le demande encore par la bouche de ceux qui en ont fait, en font, en veulent faire de plus en plus leur Dieu. Or, si le Gouvernement, si les Chambres, ont en vue la chrématistique honnête, avide du bien-être des peuples, ils doivent incessamment réprimer la chrématistique honteuse qui incessamment le trouble et tend à le troubler. Et si déjà l'abus est grand, c'est *insensiblement*, sous peine d'échouer, qu'il faut l'extirper de la société par de sages mais infaillibles lois.

Quoi! en France, terre de liberté, un particulier pourra faire passer dans ses mains en peu d'années jusqu'à une valeur de vingt et même de quarante millions de francs, c'est-à-dire la fortune capable de faire subsister dans l'aisance cinq mille, dix mille individus, et la législation ne serait pas vicieuse! Il faut, je le répète, peu à peu combattre le mal, et finir par l'extirper; car, dit Aristote, une société d'opulens et d'indigens n'est point une société de frères et d'amis comme elle doit l'être, mais une société de seigneurs et d'esclaves, et par conséquent d'ennemis. Et ces Crésus osent parler aux peuples d'égalité, de liberté, eux qui ont tout fait, qui font tout pour faire des peuples leurs esclaves! eux qui, sous le nom de domestiques, en remplissent de plus en plus leurs maisons, comme au temps de la féodalité!

Les anciens Politiques ne connaissaient point de plus grand mal social. Il est au comble en Angleterre, nation qu'on nous cite toujours en exemple, et qu'on dit marcher constamment dans la voie du progrès. Écoutez : Sur un peu moins de trois millions de familles que compte l'Angleterre, un million et demi, c'est-à-dire plus de la moitié des familles sont dans l'indigence, et un très-petit nombre à l'état d'excessive opulence ( 4, 5 et 6 millions de francs de revenu ); et l'accroissement du nombre des crimes paraît être quatre fois aussi rapide que celui du commerce de cette nation ( *Documens statistiques*, etc., Londres, 1825 ). Voici quelles ont été depuis dix ans les incarcérations en Angleterre et dans le pays de Galles : en 1823 — 12,263 ; en 1824 — 13,698 ; en 1825 — 14,437 ; en 1826 — 16,164 ; en 1827 — 17,921 ; en 1828 — 16,564 ; en 1829 — 18,675 ( *Bulletin universel des sciences*, économie publ. et statist., juillet 1830, p. 75 ).

Il est impossible ou extrêmement difficile de bien agir, quand on manque des choses nécessaires à la vie, dit Aristote, et, eût-on de quoi bien vivre, le travail est encore la condition nécessaire pour bien agir ; car ce mot recueilli par Ésope : *Le travail est un trésor pour les hommes*, n'est pas moins vrai moralement que physiquement.

Or , on sait que , grâce à la chrématistique honteuse dont l'Angleterre a fait son Dieu , les seules machines à vapeur représentent dans ce pays la force de 47 millions d'hommes , et les seules machines à coton , qui n'emploient que 280 mille ouvriers , font le travail de 42 millions d'hommes.

Est-il étonnant que le peuple anglais , et les peuples à qui leurs gouvernemens ont la sottise de faire consommer les produits des machines anglaises , demeurent de plus en plus privés de travail ? Est-il étonnant que les possesseurs de ces machines concentrent de plus en plus les revenus qui , sans elles , se distribueraient aux peuples qui en feraient le travail ?

En vain l'*Almanach de France* , publié à 1,300,000 exemplaires par les éditeurs du *Journal des Connaissances utiles* , dira au peuple français , à la louange des machines : « Leur introduction dans les arts a eu pour avantage d'obtenir beaucoup d'ouvrage avec peu de fatigue , et de procurer ainsi aux hommes plus de jouissances , de bien-être et de loisir. C'est à tort qu'on reproche ces avantages aux machines , qu'on les accuse de diminuer les salaires de la classe ouvrière , et de condamner les classes laborieuses à l'inaction. Au contraire , les conséquences de l'introduction des machines dans tous les pays , ainsi qu'un grand nombre de savans , et en particulier M. Charles Dupin , l'ont constaté par des relevés et des recherches faites avec un très-grand soin , ont été une augmentation considérable dans le nombre d'ouvriers employés dans les fabriques qui font usage des machines. »

On ne se lasse pas de répéter , d'après M. J.-B. Say et autres économistes , et d'après M. Benjamin Constant et autres publicistes , cette dernière assertion , et l'on ne cesse de citer en exemple les machines à coton et les presses à imprimer qui emploient , dit-on , plus d'ouvriers qu'il n'y avait autrefois de copistes et d'ouvriers travaillant le coton.

Or, 1° remarquez , je vous prie , qu'il n'y avait point autrefois en Europe d'ouvriers travaillant le coton , parce qu'on n'y faisait pas usage des toiles de coton , et que l'Angleterre , qui à présent fournit le monde entier de ces toiles , emploie moins d'ouvriers à leur confection qu'il ne lui en faudrait pour fournir la seule nation anglaise de cette marchandise , si les machines nouvelles n'existaient pas ; remarquez que ces machines confectionnent la toile de coton pour l'Inde même , d'où les Anglais tirent la matière première , et qu'un nombre d'ouvriers infiniment plus grand que celui qu'emploient les Anglais à cette industrie , y a été privé de ce travail ; etc. ;

2° Il y a aujourd'hui , dit-on , beaucoup plus d'ouvriers imprimeurs qu'il n'y avait autrefois de copistes ? Oui , qu'il n'y en avait dans le moyen-âge , où personne ne savait lire ; mais dans les beaux temps de la Grèce et de Rome , j'entends ceux où les lettres

étaient généralement en honneur, non, et bien s'en faut. Supposez
( ce qu'à Dieu ne plaise! quoiqu'on en fasse en ce moment un
diabolique usage) que les presses cessassent tout-à-coup d'exister :
à combien d'hommes ne demanderait-on pas des copies des écrits
qui vaudraient la peine d'être multipliés ? certes, à un nombre
incomparablement plus grand que le nombre d'ouvriers imprimeurs qu'on emploie; et, par là, le revenu des riches se distri-
buerait incessamment à une infinité d'hommes et de jeunes gens
lettrés, qui ne trouvent pas à se placer comme commis, auxquels le Gouvernement, qui leur a prodigué l'instruction, ne peut
donner des places, et qui, en conséquence, sont sur le pavé,
chose très-dangereuse pour la tranquillité publique, et d'autant
plus que ces individus lettrés, dont le nombre va toujours
croissant et qu'on veut en ce moment redoubler, se mettent à
écrire contre le Gouvernement, et à attaquer tous les principes
d'ordre que je défends dans cet écrit.

La vérité, quant aux machines, perce enfin et est près de se
faire jour en Angleterre, où le paupérisme et les crimes vont se
multipliant quatre fois plus rapidement que ces agens morts de
la production, en même temps que les revenus, dont ces agens
ne cessent de priver de plus en plus les peuples, se concentrent incessamment dans un petit nombre de mains : double
fléau social, qui montre qu'en fait de machines, comme en
toutes choses, il est un sage milieu que la Morale et la Politique
commandent d'atteindre et de ne pas dépasser, et qui est également éloigné des deux excès contraires, consistant, l'un à ne
point admettre de machines, l'autre à en admettre indéfiniment.
Cette dernière opinion est celle des économistes, des publicistes
et de tous les hommes d'état modernes; je ne sache pas que
l'autre compte aucun partisan (1).

Paris aussi, sacrifiant à la chrématistique honteuse, attire l'or
et l'argent de toute la France, comme l'Angleterre attire l'or et
l'argent du monde, et à Paris aussi quelques individus font des
fortunes colossales au détriment du peuple français, comme
quelques milliers d'Anglais en font qui passent toute croyance

---

(1) C'est donc ( il est très-facile au lecteur de s'en assurer ) pour se moquer
de moi et du public que M. Charles Comte s'est exprimé ainsi, dans la critique
qu'il a faite des *Bases fondamentales de l'économie politique* que j'ai publiées au
commencement de 1826 : « A l'amour de la balance du commerce et des prohibitions, M. de Cazaux joint l'aversion des machines..... Il n'en est qu'une qu'il
ne condamne pas, quant à présent : c'est la charrue. Mais son tour viendra;
rapportons-nous en à M. de Cazaux..... Lorsque nous aurons supprimé la charrue,
nous supprimerons la bêche, et nous serons arrivés au dernier terme de la per-
fection quand nous serons réduits à gratter la terre avec les mains, et à déchirer
notre proie avec les dents. » Le propre des opinions extrêmes est, comme on
sait, de n'admettre aucun milieu entre elles, et de vouloir qu'on soit ou tout-à-
fait au-delà ou tout-à-fait en-deçà du moyen terme, que la sagesse commande
d'atteindre toujours, et de ne dépasser jamais, de quoi qu'il s'agisse.

au détriment du peuple anglais et de tous les autres peuples. Or, écoutez : « Un tiers des habitans de la capitale va mourir dans l'hôpital, où plus d'un cinquième a pris naissance » et « sur 21,053 individus enterrés annuellement, il n'y en a que 4,390 dont la famille paie la bière et le linceul. » *( Charles Dupin. )*

Qu'on vienne après cela nous parler de rendre Paris port de mer, d'en faire un immense entrepôt (1), etc., etc., pour redoubler son importance et ce beau spectacle du luxe scandaleux d'un petit nombre et de la profonde misère du plus grand !

Pendant que, d'une part, on demande de plus en plus à introduire librement en France les produits étrangers que les Français fabriquent ou pourraient fabriquer en suffisante abondance pour les besoins de la nation, on demande, d'autre part, à couvrir le pays de chemins de fer. N'est-ce pas vouloir doublement priver le peuple de travail, le réduire à la misère, et par suite donner naissance aux crimes, aux bouleversemens sociaux ? Les populations que les chemins de fer priveront de travail se réfugieront dans les autres industries, dit-on ; mais dans lesquelles ? puisqu'en même temps on veut enlever le travail à ceux-là mêmes qui exercent ces autres industries, et qui n'en sont déjà que trop privés par l'introduction des produits étrangers. Une seule industrie notable, a dit officiellement aux Chambres M. de Saint-Criq, quand il était Ministre du commerce, peut résister parmi nous à la concurrence des produits étrangers, celle des vins ; et c'est dans cet état de choses qu'on demande à pouvoir introduire librement tous les produits étrangers dans le pays et à le couvrir de chemins de fer !

Imprudens ! commencez par refuser de plus en plus et enfin tout-à-fait les produits étrangers qu'il est donné aux Français de pouvoir créer en suffisante abondance pour les besoins de tous : les capitaux, les biens-fonds, augmenteront rapidement de valeur ; le travail sera de toutes parts appelé : on ne cessera plus de le demander dans toutes les industries, que la France ne soit arrivée au maximum de population qu'elle est susceptible de nourrir, c'est-à-dire à trois et quatre fois peut-être sa population actuelle. Rentrant dans les voies de la Politique, on pourra

---

(1) M. Charles Dupin a vivement combattu en faveur de cette mesure à la session dernière, et en faveur des industries de luxe de cette capitale et des autres grandes villes de France, où, dans l'état actuel des choses, vont s'engloutir en *riens* les revenus avec lesquels les Français devraient à tout instant changer en bien la face des campagnes et rendre partout le peuple heureux. M. de Montalivet, alors ministre, M. Dupin aîné, etc., ont aussi été les avocats du luxe à cette même session. C'est une capitale erreur, d'après les anciens Politiques et d'après Sully ; et toute l'histoire fait d'ailleurs foi que le luxe, qu'on s'obstine à prendre pour la civilisation, est l'ivraie qui la tue, en mettant dans tous les cœurs l'immodéré désir de s'enrichir, ce qui y étouffe tous les nobles sentimens.

commencer, sans aucune crainte et avec un tout autre avantage, à travailler aux chemins de fer. D'ailleurs, l'argent étant partout demandé par les travailleurs, les fonds publics seront de plus en plus mis en vente par les capitalistes; ils baisseront par conséquent de plus en plus, et quand ils auront atteint le minimum ( répondant au maximum d'activité de toutes les industries ), le Gouvernement les rachettera avec une facilité d'autant plus grande que, toutes les industries prospérant, l'impôt fera passer plus d'argent dans ses mains. Le crédit du Gouvernement sera immense alors, malgré la baisse considérable des fonds publics, que la creuse science financière ne manquera pas d'appeler *perte de crédit ;* car, si l'Etat était menacé, tous les cœurs, toutes les bourses, tous les bras, seraient à lui; mais il n'aurait jamais besoin d'y recourir : nul ne songerait à le troubler, les rodomonts de tribune deviendraient muets, et la Politique extérieure, qui à présent est tout, ne serait plus rien, la Politique intérieure étant tout.

Disons à ce propos que le rôle de l'armée est, pendant la paix, de protéger le travail national sur les frontières, et, durant la guerre, de se réunir tout entière au point menacé, pendant que les gardes nationales la remplaceraient sur tous les autres points pour continuer à protéger le travail intérieur. Du reste, en temps de paix ( et ce serait probablement toujours le cas ), l'armée devrait être employée à entretenir et à augmenter constamment les moyens de défense du pays, à moins que les nations voisines, adoptant dans leur sein sa Politique, ne rendissent inutiles, non-seulement ces sortes de travaux, mais les armées elles-mêmes.

Concluons :

*Après avoir assuré la tranquillité et la paix , les deux conditions premières de toute prospérité, le Gouvernement, qui n'a de prédilection pour aucun, qui a une égale affection pour tous, cherche comment, du balancement de tous les intérêts, pourra naître la prospérité générale, seul objet de ses veilles, seul devoir de son institution. C'est à vous, Messieurs ( dit-il aux membres des trois Conseils de l'agriculture, de l'industrie et du commerce, simultanément réunis ), à l'éclairer dans l'accomplissement de cette tâche, plus difficile peut-être qu'elle ne l'avait jamais été à aucune époque.*

Quels moyens les Conseils de l'agriculture, de l'industrie et du commerce, vont-ils proposer pour faire naître *la prospérité générale,* que le Gouvernement, pénétré de sa sublime mission, dit être le *seul objet de ses veilles, le seul devoir de son institution ?*

Je l'ignore. Mais voici ceux qu'indiquent les anciens, l'histoire et le bon sens public ( j'entends le bon sens du peuple, **et non** de ceux qui s'en prétendent les organes ) :

Tenez-vous ici, comme en tout, dans le *juste milieu :* évitez l'*excès,* évitez le *défaut.* Le juste milieu pour chaque industrie est de produire assez pour satisfaire abondamment aux besoins des membres de la société. D'une production plus forte naissent l'engorgement, la dépréciation des produits et une plus ou moins grande secousse pour les travailleurs, les capitalistes, les propriétaires de biens-fonds et les commerçans. D'une insuffisante production résulte la non-satisfaction des besoins d'un plus ou moins grand nombre de membres de la société. De la juste mesure de la production dans chaque industrie résultent la satisfaction des besoins de tous et l'assuré débit des produits, chaque industrie servant de débouché à toutes les autres, et toutes les autres lui servant réciproquement de débouché.

Le prix des produits, s'ils sont dus au travail du peuple, n'est d'ailleurs ( qu'on se pénètre bien de cette vérité ) nullement à considérer : il suffit, comme je l'ai dit, que chaque industrie produise assez pour les besoins de la société. En effet, le prix naturel des produits d'une industrie dans la société est nécessairement tel qu'il procure aux ouvriers qu'emploie cette industrie, le numéraire suffisant pour acheter de toutes les autres industries les objets dont ces ouvriers ont besoin pour leur bien-être. Ce numéraire est-il plus considérable, c'est-à-dire la confection des produits réclame-t-elle plus de travailleurs ? ce plus grand nombre de travailleurs, avec cette quantité de numéraire plus considérable, achettent d'autant plus de produits à toutes les autres industries pour satisfaire à leurs besoins. Ce numéraire est-il moindre, c'est-à-dire la confection des produits réclame-t-elle moins de travailleurs ? ce moins grand nombre de travailleurs, avec cette quantité de numéraire moins considérable, achettent d'autant moins de produits à toutes les autres industries pour satisfaire à leurs besoins. Comme on voit, le numéraire va et revient sans cesse des mains des uns aux mains des autres, n'étant que l'intermédiaire des échanges sociaux. Remarquez, d'ailleurs, que ce que demande chaque industrie, c'est l'extension de ses débouchés, pour pouvoir sans cesse grandir. Or, que, dans une société bien constituée, c'est-à-dire où chaque industrie utile a sa juste extension, des machines nouvelles ( qu'on dit être si fort dans l'intérêt du peuple ! ) viennent réduire le nombre de travailleurs, je ne dis pas dans plusieurs industries, mais dans une seule industrie, de 400 mille à 40 mille, par exemple : le débouché de toutes les autres industries devient aussitôt dix fois moindre qu'il n'était dans l'industrie que nous considérons : elles renvoient donc elles-mêmes des travailleurs, et une foule de pauvres se trouvent tout-à-coup sur le pavé. Qu'au contraire, l'industrie que nous considérons se trouve, par la suppression d'une machine, par exemple, obligée d'employer 800 mille ouvriers au lieu de 400 mille : le débouché dans cette industrie devient double de ce qu'il était pour toutes les autres industries ; et, par conséquent, au lieu de renvoyer des travailleurs, elles-mêmes ont besoin d'en appeler de nouveaux, et la population privée de travail se classe aussitôt dans toutes ces autres industries. Ah! je le répète encore : que l'Angleterre renonce à ses machines nouvelles, au lieu de ne cesser d'en créer : le hideux paupérisme, cancer qui va toujours s'étendant plus sur elle et menace de la dévorer, disparaîtra; et l'ordre social se rétablira, non-seulement dans cette société, mais dans toutes les autres sociétés, qu'elle ne cesse d'inonder des produits de ses machines.

Quel est le moyen de faire que chaque industrie, dans une nation susceptible de devenir société parfaite, arrive à produire assez pour satisfaire aux besoins de la société? Évidemment de lui donner la liberté de croître, en cessant de plus en plus et enfin tout-à-fait de consommer les produits étrangers qu'elle-même fabrique ou peut arriver à fabriquer en suffisante abondance.

A-t-elle atteint sa juste extension, c'est-à-dire est-elle arrivée à produire en suffisante abondance pour satisfaire aux besoins de la société? empêchez-la de croître et de vendre au dehors; car, du moment que les nations à qui elle vendrait développeraient dans leur sein cette industrie, ou du moment qu'une autre nation viendrait à la supplanter sur les marchés de ces nations, la réaction plus ou moins forte qui s'ensuivrait, ébranlerait les revenus des capitalistes, des propriétaires des biens-fonds et des travailleurs, qui, dans la société, auraient imprudemment donné trop d'extension à leur industrie, et par contre-coup la société tout entière se ressentirait de cette perturbation.

Y a-t-il quelques produits que le sol ne puisse pas fournir, qu'il ne soit pas donné à la société de pouvoir fabriquer? pour les obtenir des autres sociétés qui les ont ou peuvent les avoir en surabondance, étendez tout autant qu'il le faut, et non plus, celles de vos industries dont ces nations réclament les produits en échange de ceux que vous leur demandez.

Voilà sur ces matières le juste milieu que réclame la sagesse. Ministres, il y va du repos et de la conservation de la société, du bien-être et de la moralité du peuple : atteignez-le, n'allez pas au-delà, ne restez pas en-deçà. Une gloire immortelle vous attend! et quelle gloire! Vous aurez constitué la société française pour *bien vivre et bien agir*, ce qui, d'après les anciens, est le *bonheur* et la *destination de toute société ;* de proche en proche, chaque société se constituera de même; et vos noms, après le nom du Roi, non pas seulement en France, mais dans tous les pays, seront bénis par toutes les générations et éclipseront tous les autres noms!

FIN.

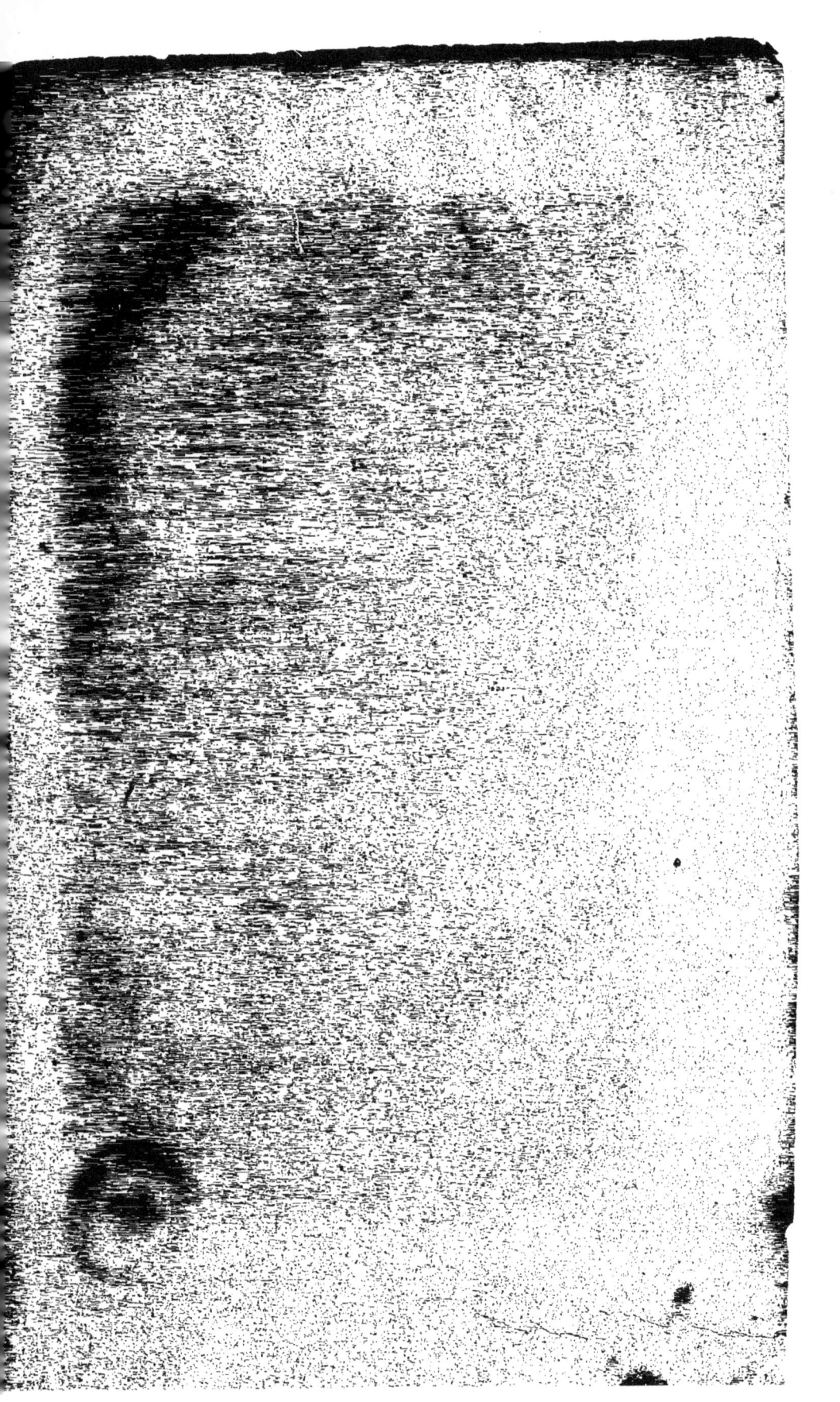

www.ingramcontent.com/pod-product-compliance
Lightning Source LLC
Chambersburg PA
CBHW071342200326
41520CB00013B/3073